编委会

主　任　彭治云

副主任　魏昭智　唐峻岭

主　编　常智善　魏昭智

副主编　彭治云　黄发军　张会生

编　者　（按姓氏音序排序）

常智善　陈其兵　甘国福　黄发军　梁立中

彭治云　唐峻岭　陶永红　王慧德　魏昭智

许德宗　张会生　张仲保

现代新型农民培训教材
XIANDAI XINXING NONGMIN PEIXUN JIAOCAI

图文讲解日光温室
建造及栽培管理技术

常智善　魏昭智◎主编

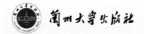
兰州大学出版社

图书在版编目(CIP)数据

图文讲解日光温室建造及栽培管理技术/常智善,
魏昭智主编.—兰州:兰州大学出版社,2011.7
　　ISBN 978-7-311-03709-3

　　Ⅰ.①图… Ⅱ.①常…②魏… Ⅲ.①温室—工程施
工②蔬菜—温室栽培 Ⅳ.①S625.2②S626.5

中国版本图书馆 CIP 数据核字(2011)第 135759 号

策划编辑　张国梁
责任编辑　张　萍
封面设计　管军伟

书　　名　**图文讲解日光温室建造及栽培管理技术**
作　　者　常智善　魏昭智　主编
出版发行　兰州大学出版社 （地址:兰州市天水南路 222 号　730000）
电　　话　0931-8912613(总编办公室)　0931-8617156(营销中心)
　　　　　0931-8914298(读者服务部)
网　　址　http://www.onbook.com.cn
电子信箱　press@lzu.edu.cn
印　　刷　兰州大众彩印包装有限公司
开　　本　890×1240　1/32
印　　张　5.875
字　　数　209 千
版　　次　2011 年 7 月第 1 版
印　　次　2011 年 7 月第 1 次印刷
书　　号　ISBN 978-7-311-03709-3
定　　价　18.00 元

（图书若有破损、缺页、掉页可随时与本社联系）

前　言

党的十六届五中全会指出："要培养有文化、懂技术、会经营的新型农民，提高农民的整体素质。"农民作为新农村建设的主体，其素质的高低关系着农村经济发展速度的快慢、农业生产效益的高低和农民收入的多少。只有培养出高素质的新型农民，才能用现代科技改造、提升传统农业，才能发展现代农业，才能推进城乡融合发展和城乡一体化进程。因此，加强新型农民培训，促进农民素质转型，是新农村建设的一项战略工程和重要任务。

为了将新型农民培训和科学指导农业生产有机衔接，我们以现代设施——农业日光温室生产为题，组织有经验的农业技术专家，编写了《图文讲解日光温室建造及栽培管理技术》。本书理论和实践结合，用400余幅照片，以图文结合的方式，详细讲解了日光温室建造技术规范、环境调控技术、作物栽培管理技术、病虫害防治技术、节水灌溉技术、灾害性天气管理技术。

本书内容全面准确，技术讲解到位，图片解说形象，通俗易懂，实用性、针对性强，可操作性强，对帮助农民解决关键生产技术难题，提高科学管理水平具有很好的指导价值；可适于北方日光温室生产区，特别是甘肃河西地区的农业技术人员和广大农民使用。

本书共分六章，第一章由张会生编写；第二章第一部分由彭治云编写，第二至第五部分由陈其兵编写；第三章第一部分由常智善编写，第二部分由黄发军编写，第三部分由陶永红编写，第四部分由梁立中编写，第五部分由许德宗编写，第六和第七部分由张仲保编写，第八部分由许德宗编写，第九和第十部分由王慧德编写，第十一部分由常智善编写；第四章第一部分由唐峻岭编写，第二至第四部分由甘国福编写；第五章由魏昭智编写；第六章由常智善编写。照片由参编人员提供，校对由黄发剑、黄凯、陈燕负责。在此，对为本书付出辛勤劳动的领导、各位作者和同行表示衷心的感谢。

由于水平有限，书中错误之处在所难免，恳请读者批评指正。

编　者

二〇一一年六月

目 录

第一章 日光温室建造技术规范 …………………………………001

　一、场地选择 ………………………………………………001

　二、场地规划 ………………………………………………002

　三、建造技术 ………………………………………………003

　四、优化型二代日光温室主要建设材料

　　　规格及用量表（60米长） ……………………………022

第二章 日光温室环境调控技术 …………………………………023

　一、土壤环境与控制技术 …………………………………023

　二、温度调控技术 …………………………………………033

　三、光照调控技术 …………………………………………039

　四、水分调控技术 …………………………………………042

　五、气体调控技术 …………………………………………045

第三章 日光温室作物栽培管理技术 ……………………………047

　一、黄瓜栽培管理技术 ……………………………………047

　二、西瓜栽培管理技术 ……………………………………058

三、甜瓜栽培管理技术 …………………………………… 063

四、小乳瓜栽培管理技术 ………………………………… 067

五、番茄栽培管理技术 …………………………………… 069

六、茄子栽培管理技术 …………………………………… 073

七、辣椒栽培管理技术 …………………………………… 081

八、人参果栽培管理技术 ………………………………… 085

九、西葫芦栽培管理技术 ………………………………… 090

十、叶菜类栽培管理技术 ………………………………… 094

十一、沙葱栽培管理技术 ………………………………… 097

第四章 日光温室病虫害防治技术 ……………………………… 102

一、病害防治技术 ………………………………………… 102

二、虫害发生与防治技术 ………………………………… 126

三、合理安全使用农药技术 ……………………………… 134

第五章 日光温室节水灌溉技术 ………………………………… 165

一、作物灌溉方式 ………………………………………… 165

二、膜下滴灌技术 ………………………………………… 167

第六章 日光温室灾害性天气管理技术 ………………………… 173

一、低温阴雪天气管理技术措施 ………………………… 173

二、大风天气管理措施 …………………………………… 177

三、灾害性天气过后恢复措施 …………………………… 178

参考文献 …………………………………………………………… 180

第一章 日光温室建造技术规范

日光温室是由采光和保温维护结构组成,以塑料薄膜为透明覆盖材料,东西向延长,在寒冷季节主要依靠获取和蓄积太阳辐射能进行蔬菜、瓜果生产的单栋温室(如右图)。

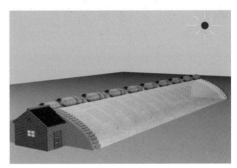

单栋温室模型

一、场地选择

1.地形开阔,东、南、西三面无高大树木和建筑物遮阴(如图1-1-1)。

2.地下水位在3米以下,土层厚度80厘米以上,土壤肥沃,且灌水方便、水质良好、矿化度低的地块,并符合无公害农产品产地环境质量要求(DB62/T798)。

3.避开风口,可以免遭受大风的破坏,也可以提高日光温室的保温效果(如图1-1-2)。

图1-1-1 选择无高大树木和建筑物
　　　　　的开阔地带建造

图1-1-2 修建温室要避开风口

4.交通便利,供电、供水设施齐全(如图 1-1-3)。

5.周围无烟尘及有害气体污染(如图 1-1-4)。

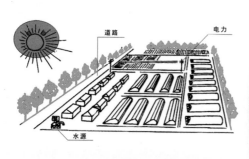

图 1-1-3　选择交通便利,供电、供水
设施配套的地带建造

图 1-1-4　有烟尘及有害气体
污染的地方不能修建

二、场地规划

前后温室间距=(温室脊高+草帘直径)×2(如图 1-2-1、图 1-2-2)。

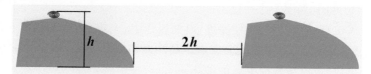

图 1-2-1　前后温室间距

修建温室群要做好温室排列,以及配套渠系、道路、电力等设施的规划建设。东西两棚之间留 4 米宽的道路,两侧各留 1 米的绿化带和水渠,修建 3 米宽的缓冲间(如图 1-2-3)。

图 1-2-2　温室间距

图 1-2-3　温室群及道路规划

三、建造技术

(一)基本参数

1.方位角 日光温室方位角应坐北朝南或坐北朝南偏西5～10度(如图1-3-1)。

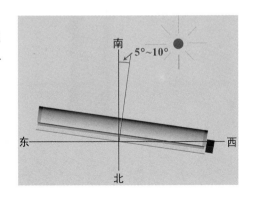

图1-3-1 方位角

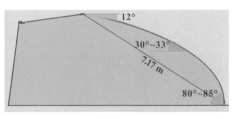

图1-3-2 采光屋面角

2.采光屋面角 采光屋面角包括地角、前角、腰角、顶角,其中地角80～85度,前角40～70度,腰角30～33度,顶角一般不小于12度(如图1-3-2)。

3.后屋面角 后屋面仰角为40±2度(如图1-3-3)。

4.跨度 室内宽度7.5米(如图1-3-4)。

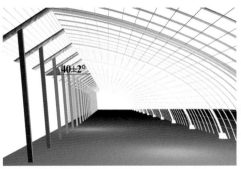

图1-3-3 后屋面仰角

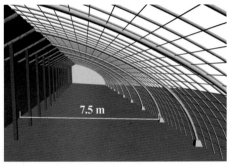

图1-3-4 室内宽度

后屋面在地面水平投影宽度 1.4～1.5 米(如图 1-3-5)。

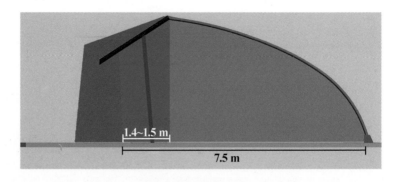

图 1-3-5   后屋面在地面水平投影的宽度

5.脊高   脊高一般为 3.7～3.8 米(如图 1-3-6)。

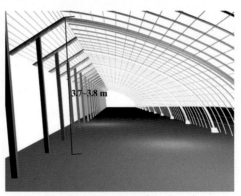

图 1-3-6   温室脊高

6.后墙高度   后墙外侧高 3.2 米(如图 1-3-7)。

7.立柱长度   立柱长 3.8 米,埋深 0.6 米,地上部分长 3.2 米(如图 1-3-8)。

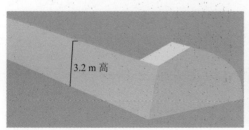

图1-3-7   后墙高度

图 1-3-8   立柱长度

8.墙体厚度　人工筑墙墙基厚度为 1.6～1.8 米,顶部厚度为 1.0～1.2 米;若机械筑墙墙基厚度在 1.6～1.8 米的基础上为作业方便可适当加宽,顶部厚度仍为 1.0～1.2 米(如图 1-3-9)。

9.后屋面厚度　后屋面前沿厚 0.2 米,中部厚 0.5～0.6 米,底部厚 1 米左右(如图 1-3-10)。

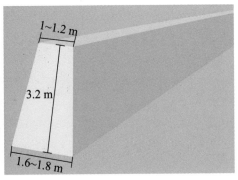

图 1-3-9　墙体厚度

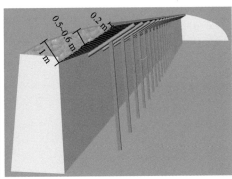

图 1-3-10　后屋面厚度

10.长度　棚长 60～70 米(如图 1-3-11)。

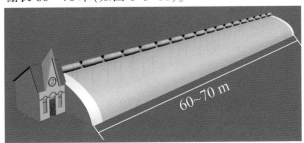

图 1-3-11　温室长度

(二)建棚材料

1.塑料棚膜　采用醋酸乙烯(E-VA)高效保温无滴防尘日光温室专用膜,厚度不小于 0.12 毫米(如图 1-3-12)。

2.覆盖材料　日光温室主要保温材料为草帘或保温被。

(1)蒲草帘　草帘宽 2.2 米,长 9 米,厚 5 厘米。按双层草帘和一道立帘计算,

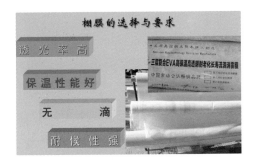

图 1-3-12　棚膜的选择与要求

每 60 米长日光温室需蒲草帘 52 个,另需 7 个稻草帘作为立帘(如图 1-3-13、图 1-3-14)。

图 1-3-13　蒲草帘

图 1-3-14　制作草帘

　　在草帘上面缝制一层旧棚膜或彩条布,以增加草帘保温效果和防止草帘被雨雪水浸湿(如图 1-3-15)。

图 1-3-15　草帘上缝制一层
旧棚膜或彩条布

　　(2)保温被　保温被常结合卷帘机使用。保温被由防晒层、防潮层、保温层、隔热层等组成。要选用正规的、有资质的厂家生产的保温被。保温被一般宽 2.0 米,长 9 米,采用 1 层加厚防寒毡、1 层隔热膜、1 层纤维棉,外套防水布,重 1.2~1.6 千克/平方米(如图 1-3-16、图 1-3-17)。

图 1-3-16　保温被的组成部分

图 1-3-17　保温被

3.立柱　为钢筋混凝土预制件,长3.8米,横断面为12厘米×12厘米,内用4根6号钢筋,混凝土标号在400以上(如图1-3-18)。

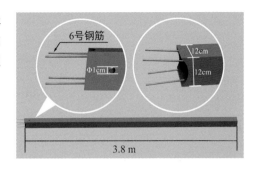

图1-3-18　立柱钢筋混凝土预制件

4.檩条　一般用小头直径大于12厘米的圆木,长2.6～2.8米(如图1-3-19)。

5.立柱基墩　混凝土基墩0.3米×0.2米×0.2米(如图1-3-20)。

图1-3-19　檩条规格

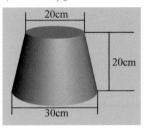

图1-3-20　立柱基墩

6.冷拔丝　8号低碳钢丝(WCD-4.00-克B/T 343-94)(如图1-3-21)。

7.细铁丝　16号低碳钢丝(WCD-1.60-克B/T 343-94)(如图1-3-22)。

图1-3-21　冷拔丝

图1-3-22　细铁丝

8.木板　厚 4 厘米,长 2.4 米(如图 1-3-23)。

9.主拱架　弧长 8 米(净长度,不含连接部分),上弦用 16 号、下弦 14 号、斜拉杆 12 号钢筋制作的钢屋架(如图 1-3-24)。

图1-3-23　木板

图 1-3-24　主拱架

10.副拱架　大头直径在 2.5 厘米以上、长 5 米的竹竿(如图 1-3-25)。

图 1-3-25　副拱架

11.预埋件　长 6 米、高 60～80 厘米、上宽 40 厘米、下宽 50 厘米的混凝土预制件,上有 6 号低碳钢丝(WCD-4.88-克 B/T 343-94)做成的直径 2 厘米的拉钩 16 个,前部 9 个间距为 40 厘米,后部 7 个为 20 厘米(如图 1-3-26、图 1-3-27)。

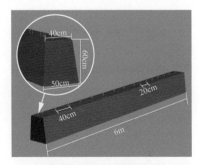

图 1-3-26　预埋件

图 1-3-27　浇筑预埋件

12.主拱架基座　下底直径 30 厘米、上底直径 25 厘米、高 20 厘米的圆柱状混凝土预制件，上底中间卡槽长 18 厘米、宽 2 厘米、深 5 厘米(如图 1-3-28)。

13.墙体材料　建棚理想土壤为壤土或轻壤土。要求干湿均匀，手捏能成团，落地能散开为宜(如图 1-3-29)。

14.卷帘机械　选用正规的、有资质的厂家生产的卷帘机械(如图 1-3-30)。

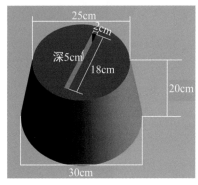

图 1-3-28　主拱架基座

图 1-3-29　干湿适中的轻壤土筑墙

图 1-3-30　卷帘机

15.其他材料　草帘拉绳采用直径 1 厘米的棕绳或尼龙绳；吊绳采用尼龙带或渔网线；压蔓线；地膜幅宽 1.4 米、厚度不小于 0.008 毫米(如图 1-3-31 至图 1-3-33)。

图 1-3-31　压蔓线

图 1-3-32　草帘拉绳

图 1-3-33　吊蔓线

(三)施工技术

1.施工图纸(如图 1-3-34)

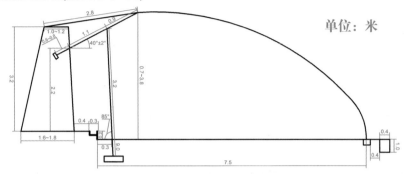

单位：米

图 1-3-34　二代日光温室结构图

2.放线　场地确定后,对温室的用地进行平整,清除各种作物,然后用罗盘仪按正南偏西 5～10 度放线(如图 1-3-35)。

3.施工时间　春天土壤解冻时开始筑墙,必须在土壤结冻前结束,使墙体在生产时充分干透(如图 1-3-36)。

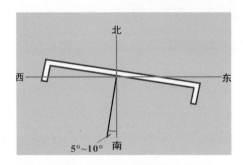

图 1-3-35　放线角度

图 1-3-36　墙基规划

4.筑墙(如图 1-3-37、图 1-3-38)

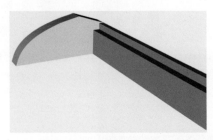

图 1-3-37　筑墙示意图

图 1-3-38　筑好的墙体

（1）人工筑墙 墙体位置确定后，把筑墙部位的耕作层熟土挖出堆放在南边，然后开挖深 50～60 厘米、比墙体宽 20 厘米的槽型墙基，底部夯实后铺一层防潮膜，用砖石、混凝土砌成墙基，或用三合土夯实厚度为 40～50 厘米的墙基。

图 1-3-39 人工筑墙

打墙时挑除土壤中的石块、根茬等杂物。山墙和后墙衔接处采用山墙包后墙的方式，以增加山墙对铁丝的抗拉力（如图 1-3-39、图 1-3-40）。

图 1-3-40 夯实墙体

（2）机械筑墙 在建造墙体之前，对定向划定的墙基地面用推土机碾压数遍，压紧夯实，之后在墙基上推土起垄，再用推土机反复碾压紧实，然后推土覆盖，反复碾压，一般用推土机碾压的墙体高 1～1.5 米。此后再在其上架模板、上土、人工夯打到设计高度。筑墙时

图 1-3-41 机械筑墙

墙板要交替错位架设，墙土必须分层夯实，尤其紧靠墙板的地方要用小木榔头夯筑结实（如图 1-3-41、图 1-3-42）。

图 1-3-42 用手扶机压墙

5.后屋面施工

(1)回填熟土 把取出的熟土运回温室内,然后再灌水使松土踏实,垫平地面。施足基肥,深翻整平(如图1-3-43)。

图 1-3-43 熟土回填室内

(2)挖门洞 门洞宽 80 厘米、高 160 厘米(如图 1-3-44、图 1-3-45)。

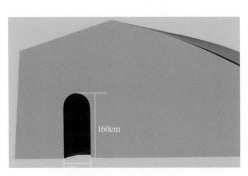

图 1-3-44 门洞尺寸

图 1-3-45 挖好的门洞

(3)埋后立柱 在距后墙基部 0.9～1 米处,按 1.8 米间距挖好立柱基坑,夯实并填好基石,基石深度均为 60 厘米,然后把立柱立于坑内,逐个进行调整,使其顶端向北倾斜(立柱顶端垂线距立柱基部 25～30 厘米),且各立柱前后一致,最后填土夯实基坑固定立柱(如图 1-3-46、图 1-3-47)。

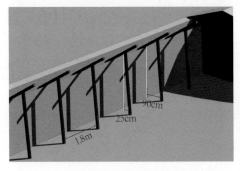

图 1-3-46 立柱效果图

图 1-3-47 固定好立柱

（4）固定檩条　在后墙对应立柱距原地表面 2.2 米高的位置，挖出斜洞，斜洞角度同后屋面角保持一致，洞深 60～80 厘米，在洞底垫基石；然后将檩条的小头放在立柱上，并向南伸出 90 厘米，大头放在后墙的斜洞内，逐个进行调整，使所有立柱的高度、角度一致；再用铁丝将其与立柱绑好，把斜洞堵好（如图 1-3-48 至图 1-3-52）。

图 1-3-48　挖斜洞

图 1-3-49　调整角度和高度

图 1-3-50　堵好斜洞

图 1-3-51　檩条小头向外

图 1-3-52　檩条与立柱固定

　　檩条前沿应在一条直线上,并东西横向用木板或椽子固定,以增加后屋面强度(如图1-3-53)。

图1-3-53　前屋沿压木条

　　(5)拉冷拔丝　在山墙外边距山墙1米处埋好水泥预制件(埋深80厘米左右),预制件上设置由6号钢筋做成的拉沟。先把冷拔丝一端固定在预制件的拉沟上,在檩条上按10～15厘米间距拉架,另一端用紧绳器拉紧后固定到预制件的钢筋拉沟上。后屋面冷拔丝不得少于15道(如图1-3-54、图1-3-55)。

图1-3-54　拉好冷拔丝

图1-3-55　紧冷拔丝

　　(6)盖后屋面　先将宽5米、略长于温室长度的棚膜铺在铁丝上,再把玉米秆、麦草铺在棚膜上,踩实,使前、中、后厚度分别为20厘米、50厘米、60厘米,然后把棚膜翻上来,把麦草包紧。麦草包的上面先覆盖一层干土,踏实,最后抹两次草泥,使整个后屋面顶部成南高北低平缓的斜坡,坡面平整无缝。要注意不能让雨雪水渗入后屋面。或者先在后屋面底部铺一层木板、竹箔子等,然后按上述方法进行施工。另外,在温室后墙顶部每隔8～10米安装一排水槽,防止雨雪水冲刷墙体(如图1-3-56至图1-3-60)。

图 1-3-56　冷拔丝上面铺竹箔子

图 1-3-57　竹箔子上铺膜覆草

图 1-3-58　抹草泥

图 1-3-59　温室后坡抹草泥

图 1-3-60　温室后墙上压雨槽

6.前屋面施工

（1）固定主拱架　在温室前沿基部对应檩条处按 3.6 米间距埋入主拱架基座，并将主拱架的一头固定到檩条的顶部，另一头固定到主拱架基座上的卡槽中，使所有主拱架的高度、角度保持一致，并用水泥加固（如图 1-3-61、图 1-3-62）。

图 1-3-61　主拱架间距

图 1-3-62　主拱架与檩条固定好

（2）拉冷拔丝　在山墙外侧顶部放好垫木（用于保护墙体与固定冷拔丝），然后把冷拔丝的一头固定到预制水泥件上，另一头拉过山墙与主拱架，按间距 40 厘米固定在主拱架上，上部冷拔丝间距应加密到 20 厘米，然后用紧绳器紧好后，固定到温室另一端的水泥预制件上。并逐个将主拱架和冷拔丝用 16 号铁丝固定好。前屋面冷拔丝不得少于 19 道（如图 1-3-63 至图 1-3-65）。

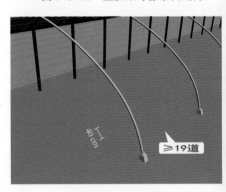

图 1-3-63　前屋面冷拔丝不得少于 19 道

图 1-3-64　山墙垫木

图 1-3-65　主拱架与冷拔丝的固定

(3)固定副拱架 副拱架由两根竹竿对接而成。按60厘米间距,将一根竹竿的大头插入土中30厘米,另一根竹竿的大头放在对应位置屋脊的冷拔丝上,然后将两根竹竿小头对接固定在冷拔丝上。主拱架上也要并上一副副拱架(如图1-3-66至图1-3-70)。

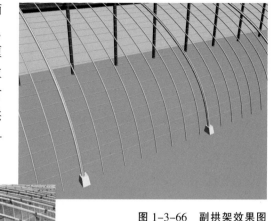

图 1-3-66 副拱架效果图

图 1-3-67 竹竿60厘米间距

图 1-3-68 竹竿两小头对接

图 1-3-69 竹竿大头插入土30厘米

图 1-3-70 主拱架上并副拱架

（4）覆膜

棚膜准备　目前采用的是两块棚膜扒缝通风，上块（风皮）宽1.5米，下块宽8米。现在一般棚膜出厂时都已做好扣膜线固定带，宽20厘米，中间夹一根绳子作扣膜线。覆膜前先裁棚膜，棚膜长度比温室内径长2米（如图1-3-71至图1-3-75）。

图1-3-71　扣膜线

图1-3-72　风皮、棚膜

图1-3-73　上棚膜

图1-3-74　上风皮

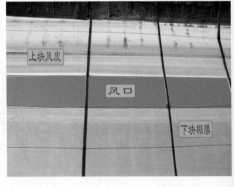

图1-3-75　风皮、风口、棚膜位置

扣棚　选晴天中午，把下块棚膜拉开，上到前屋面上晒热，两端分别卷入6米长竹竿，待整个棚膜拉紧拉展后，上端留宽50~60厘米的通风口，两侧分别固定在山墙外的水泥基墩上，扣膜线拉紧后固定在后墙上，带扣膜线的膜边用铁丝扎在前拱架上固定好，棚膜下端埋入土中40厘米，并压实踏平。上块棚膜（风皮）的上端用草泥固定到后屋面上,下端压住下块棚膜20～30厘米(如图1-3-76)。

拉压膜线　扣棚后在棚膜上拉压膜带,每隔1.8米拉一道防风压膜线或压膜带。压膜线固定在大棚前后冷拔丝上,紧贴棚膜,并拴好(如图1-3-77)。

图1-3-76　棚膜、风皮卷入细竹竿

图1-3-77　压膜线

7.修建水池　在温室内靠门一边,离山墙1米处挖一个长5米、宽2米、高3米的池胚,将池底夯实后浇筑30厘米厚的混凝土,池周边浇筑不小于15厘米厚的钢筋混凝土,然后刮两层砂浆,池中砌隔墙(留水通道)增加强度,池顶用板封好;待水池混凝土硬化后,在水池上面砌一个长1米、宽1米、高0.8米的高位溶肥池(如图1-3-78)。

8.修建缓冲间　在温室山墙上挖一个高1.6米、宽0.8米的门洞,装上门框。外修一个长4米、宽3米的缓冲间,缓冲间的门

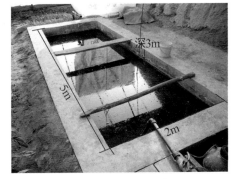

图1-3-78　水池规格

应朝南,避免直对温室门洞,防止寒风直接吹入温室内(如图1-3-79、图1-3-80)。

图1-3-79　缓冲间效果图

图1-3-80　缓冲间位置

9.修建防寒沟　在温室南沿外40厘米处挖一条东西长的防寒沟,深为80～100厘米,宽为40厘米。沟内填充麦草或炉渣,沟顶盖旧地膜,再覆土踏实。顶面北高南低,以免雨水流入沟内(如图1-3-81)。

图 1-3-81　防寒沟规格

10.修建室内走道和灌溉沟　在室内离后墙墙基40厘米处,开挖宽30厘米、深20厘米的渠胚,然后用混凝土浇筑成深10厘米、宽10厘米、东西落差15厘米的灌溉沟,表面用细浆抹光,并在对应定植沟的位置预留出水口(如图1-3-82至图1-3-84)。

图 1-3-82　渠胚规格

图 1-3-83　定植沟位置预留出水口

图 1-3-84　滴灌温室人行道规格

11.其他设施　在交通便利或日光温室比较集中的地区,配套负荷较高的电力设施,以便连阴雪天或强降温天气时增温补光(如图1-3-85)。

12.上草帘　入冬后,选晴天把草帘搬上后屋面,按"阶梯"或"品"字形排列,风大的地区采用"阶梯"式覆盖,西压东,两层草帘之间错茬覆盖,东西两边要盖到山墙上50厘米。草帘拉绳的上端应绑在固定在后墙的冷拔丝上,晚上放草帘应将后屋面的一半盖住,下部一直落到地面防寒沟的顶部。剩余草帘作为立帘备用(如图1-3-86)。

图1-3-85　电力设施

图1-3-86　上草帘

13.上卷帘机保温被　卷帘机按技术规范安装,电机功率大小依日光温室长度而定。

将保温被沿长度方向缝制在一起,放置于温室后屋面上,将其上端固定在后屋面,再按卷帘机安装技术规范安装卷帘机即可(如图1-3-87、图1-3-88)。

图1-3-87　上保温被

图1-3-88　日光温室示范群

四、优化型二代日光温室主要建设材料规格及用量表(60米长)

材　料	规　格	数　量
墙体	土墙基部厚度为 1.6～1.8 米,顶部厚度为 1～1.2 米,后墙高度为 3.2 米	75 米
立柱	钢筋混凝土预制件,长 3.8 米,横断面为 12 厘米×12 厘米,内用 4 根 6 号钢筋,混凝土标号在 400 以上	31 根
檩条	长 2.6～2.8 米,小头直径大于 12 厘米	33 根
主拱架	上弦 16 毫米、下弦 14 毫米、斜拉杆 12 毫米钢筋	15 个
冷拔线	低碳钢丝(WCD-4.00-克 B/T 343-94)	130 千克
副拱架	长 5 米、大头直径 2.5 厘米以上的竹竿	230 根
棚膜	宽 8 米的醋酸乙烯防尘无滴膜	62 千克
风皮	宽 1.5 米	5.2 千克
压膜线		7 千克
外覆盖材料	选其中之一:(1)蒲草帘宽 2.2 米、长 9 米、厚 5 厘米;(2)保温被宽 2.0 米、长 9 米,1.2～1.4 千克/米²	(1)52 个 (2)30 个
水泥预埋件	长 6 米、高 60～80 厘米、上宽 40 厘米、下宽 50 厘米	2 个
立柱基墩	0.3 米×0.2 米×0.2 米	31 个
主拱架基座	下底直径 30 厘米、上底直径 25 厘米、高 20 厘米的圆柱状,上底中间卡槽长 18 厘米、宽 2 厘米、深 5 厘米	15 个
绳子	棕绳或尼龙绳	蒲草帘 104 千克
细铁丝	低碳钢丝(WCD-1.60-克 B/T 343-94)	10 千克
卷帘机械		1 台

第二章　日光温室环境调控技术

一、土壤环境与控制技术

(一)日光温室土壤基础

1.日光温室建造立地条件选择　选择什么地方建温室是日光温室建造中首先要考虑的问题。一般选址时应注意:一是要避开风沙口,以免遭受大风的破坏,同时也可提高日光温室的保温效果。二是地下水位应在3米以下,且灌水方便、水质良好、矿化度低。苦水地区不宜建造日光温室。三是地形要开阔、平坦,能够集中连片建造日光温室。四是通过开挖土壤剖面观察,选择土层深厚、无盐碱或轻盐碱化的地块。根据对日光温室墙体用土测算,60米长日光温室用土量为500立方米(虚方)左右,按2亩地建造一座日光温室计算,仅墙体用土要求土层厚度为40厘米左右,加上耕作必需的土层厚度40厘米以上,就地建棚必需80厘米以上的土层,以便于墙体建造取土,并能满足日光温室作物种植生长的要求。五是土壤质地以壤土为主,不宜过沙过黏,土壤过沙会造成墙体坍塌,土壤过黏墙体易产生裂缝,使温室保温效果降低。六是南北相邻两栋温室间距至少保持在7米以上(如图2-1-1、图2-1-2)。

图 2-1-1　剖面土层 60 厘米以上

图 2-1-2　剖面土层薄,且有夹漏沙障碍层,不宜修建温室

2.日光温室蔬菜瓜果对土壤环境的要求　日光温室蔬菜瓜果由于生长发育快、需肥需水量大、产量高等特点,对土壤环境的要求比其他作物要高得多。

(1)土层深厚、土壤熟化程度高,熟化层在40厘米以上。

(2)土体无障碍层次,壤土或沙壤土质地疏松绵软有油性,酸碱度中性并具有较强的缓冲能力。

(3)具有良好的团粒结构,通气、透水性能好,保水托肥。

(4)富含有机质,养分含量高,施肥后不易出现肥害,或施肥不及时不会出现脱肥现象。

(5)土壤有较大的热容量和导热率,温度变化比较稳定。

(6)土壤中无病菌、虫卵,无污染性物质积累。

(7)地下水位适宜,土壤中不含过量的重金属和其他有毒物质。

3.日光温室土壤特点

(1)日光温室内土壤温度高于露地,再加上湿度较大,土壤微生物活动旺盛,加快了土壤养分转化和有机质的分解。

(2)日光温室土壤中各种元素的含量与所种蔬菜对元素的要求不相匹配,最容易发生缺素症。菜类蔬菜对钾的需求量最大,氮次之,再次是磷和钙。

(3)日光温室内的土壤易返盐,影响蔬菜作物的生长发育。由于连年施肥,残留在土壤中的各种肥料盐分向表层积聚,造成表层土壤盐分浓度过大,从而对蔬菜作物生长产生危害。

(4)日光温室长期连作,导致土传病害严重,土壤理化性质变坏,作物生长不良。

(二)日光温室土壤培肥及改良技术

日光温室土壤培肥及改良的原则是:用养结合,因地制宜,综合治理,快速改良。

1.新建日光温室土壤改良熟化

(1)科学施工,保护土壤　日光温室在建造过程中,不可避免地会发生耕层活土上墙、死土留田,机械作业过度碾压、土壤僵硬等问题;使耕层土壤原有的结构和性状遭到破坏,不同程度地存在土层浅薄、土壤活化程度低、通透性弱、适种性差、有机质含量低和养分缺乏等问题,直接影响蔬菜瓜果作物的生长发育。因此,新建温室在建造过程中必须注意保护土壤。一是打墙时保护好表层活土;二是尽量减少重型设备在土壤上的作业或移动停放;三是在工程完成后应采取耕翻等措施进行改良整治。

(2)深耕改土,熟化土壤　新建温室在墙体建成后即刻进行温室土地整理和土壤改良培肥,保证多茬作物的健壮生长。对于过沙土壤采取客土(耕层活土)回填的办法,平整修复;对过于黏重的土壤,采取压沙、掺沙措施改良,同时结合深翻深耕,挖取漏沙、沙砾、黏重僵板等障碍层。通过改良熟化,使耕作层为40～60厘米,形成深厚的疏松土层,利于作物根系下扎扩张。

(3)增施有机肥,提高土壤有机质含量　新建温室在土壤改良熟化中,首要的是增施有机物料,提升土壤有机质含量,促进土壤团粒结构的形成,提高保水保肥能力和增加土壤的缓冲能力。在建棚后结合客土回填或深耕, 翻压作物秸秆500～700千克/亩(粉碎程度10～20厘米);每亩施用腐熟的有机肥5000千克以上,均匀撒施后翻耕,使之与土壤充分混合。有机肥品种最好选用充分腐熟的秸秆堆肥、猪粪、牛粪、羊粪等。特别提醒,严禁生猪粪、生羊粪进地。生猪粪易传播病虫,引起烧苗;生羊粪碱性大,引致土壤偏碱,危害幼苗生长。另外有条件的地方可直接翻压豆科绿肥(如野生豆科植物、草木樨、紫花苜蓿等),翻压深度40厘米左右,然后浇足水、曝晒,既可提高土壤有机质含量,又可加快土壤熟化,培肥地力。

2.新建日光温室初茬作物选定　新建温室在建造过程中都会不同程度地破坏原有土层结构,土壤熟化期短且程度低,若当年种植茄果类、瓜菜类对地力要求高的蔬菜,极易发生定植后苗期长势缓慢、植株弱小、易感病、产量低下、效益不高等问题。因此,新建温室初茬种植作物,最好根据市场需求,选择一些对水肥条件要求较低的蔬菜种植,如荚豆、豇豆等豆科蔬菜和葱、娃娃菜、小油菜、小白菜、小芹菜、茼蒿等叶菜类蔬菜。种植一茬后,土壤熟化程度提高,水、肥、气、热协调,理化性状改善稳定后,再种植番茄、辣椒、黄瓜等蔬菜。对没有活化土层、土性冷凉、过于黏重僵板的温室,建议建棚后初茬作物选择一茬豆科绿肥种植,如豌豆、蚕豆和毛苕子等。在采摘其可食部分后,将其茎叶压田,可增加土壤有机质和氮素含量,加速土壤熟化。

3.两年以上日光温室土壤肥力修复调控　日光温室周年、连年种植生产,地力极易衰退。采取科学的耕作和改良措施,恢复和保持土壤后续生产能力非常重要。

(1)土壤耕作修复　一是深翻曝晒土壤。在阳光照射最强烈的7月份,早春茬作物收获拉秧后,将全部残株病叶移到棚外,深翻30厘米以上进行曝晒,既活化土壤,提高土壤中养分的有效性,又起到杀虫卵、灭病菌的良好效果。在早秋扣棚前应再进行一次深耕,深度以20～25厘米为宜,使土壤充分疏松并积蓄秋季雨水,起到蓄墒作用。二是在作物生长期间行间中耕松土。最好是在苗期和植株营养生长阶段于每次灌水后进行一次中耕，以创造疏松的土壤环境，促进作物根系发育。三是在多年连作后，对于耕性差的黏质土要压沙改良；对于保肥、保水性能低的沙质土要掺黏土改良；对作物生长发育造成严重障碍的耕层土壤要换土改良。

（2）合理轮作倒茬，防止连作障碍　温室土壤长期连作同一种蔬菜，易使土壤理化性状变劣，且容易引起蔬菜生理病害，加重土传病害。在温室生产中，可将不同科属的蔬菜按2～3年的间隔期进行轮作倒茬。通过不同根系和不同收获器官的蔬菜瓜果轮作，利用根系深浅、分布范围不同及吸肥差异，避免或减轻连作障碍，减缓某种养分的过度消耗或某种养分的富集，培育深厚的耕作层，防止土壤板结，减少由缺素引起的蔬菜生理病害，恢复或提高土壤肥力。轮作方式多种多样，如在轮作中安排一季芥菜、豌豆、荚豆、豇豆等豆科蔬菜，以吸收利用一般蔬菜所不能利用的磷、钾，其中部分元素又重新以可用态回到土壤中，为下茬蔬菜提供磷、钾营养状态。也可在早春茬蔬菜收获后，复种一茬养地作物，如箭筈豌豆、毛苕子、饲用油菜等。

（3）增加有机肥投入　一是增施有机肥料，每亩施优质有机肥8000～10000千克，改善土壤团粒结构，降低土壤容重，提高土壤保肥、保水、保温性能和缓冲能力。二是麦草覆盖，增施秸秆堆肥。在操作沟内铺一层10～20厘米长的麦草，每亩用量300～400千克，既降低温室内的湿度，减少病虫危害，麦草又逐渐腐烂分解释放出二氧化碳气体，提高作物光合作用效率，并增加土壤有机质含量，改善土壤物理性状（如图2-1-3）。作物定植前在日光温室内施用秸秆高温堆肥，每亩秸秆用量1000千克左右，或7月份温室内作物拉秧后，将所有植物残体清除干净，深翻40厘米，每亩均匀埋入废弃秸秆600～800千克，灌透水后高温闷棚20天左右，使埋入土壤中的秸秆达到半腐熟状态（如图2-1-4）。

图2-1-3　沟内覆盖麦草

（4）合理灌溉　日光温室土壤要进行合理灌排，以调节土壤水、肥、气、热条件，以水促肥，改善土壤温度和通气性，促使矿质养分溶解，提高土壤供肥能力。一般土壤含水量为田

间持水量的 60%～80%(即手
捏成团,落地散开)时,对养分
供应和蔬菜根系吸收较为有
利。合理灌水方法应该把握以
下四个原则:一是浇水量不应
该过大;二是浇水应该在上午
10 时左右进行;三是晴天的时
候多浇水,阴天的时候少浇水;
四是追肥、灌水、中耕要有序进
行,追肥、灌溉后及时中耕松
土,增强土壤通透性。

图 2-1-4　培肥改良土壤

　　(5)防治土壤盐害　一要
避免盲目施肥,尽量选择不带副成分的肥料,如尿素、磷酸二铵、硝酸钾等;二要
在日光温室休闲期施入农家肥后深翻地压盐,或在夏季日光温室休闲期灌水
洗盐;三要在生产季节采用地膜覆盖,以减少土壤水分蒸发;四对土壤盐害严
重的日光温室,在田间条件允许的情况下可考虑室内换土。

　　4.日光温室平衡施肥　在日光温室蔬菜栽培管理技术中,施肥投入占整个日
光温室生产投入的 30%～40%,同时也决定着 60%以上的产量和产品的质量。科
学施肥无疑是日光温室蔬菜生产"节本、提质、增效、安全、环保"的重要措施。近年
来,尤其是连续种植 3 年以上日光温室的农户频频反映说,花了许多钱,买了最好
的肥料施到棚里,就是不见蔬菜长势好、结得多,甚至好像生了病,这种异常现象
的出现大多是盲目滥施化肥的恶果。盲目超量滥施化肥,一是造成土壤营养平衡
失调,有的养分富集,有的养分缺失,抑制了作物健康生长结果,发生生理性病害;
二是造成土壤板结、耕种性变劣、次生盐渍化、地力衰退;三是造成土壤和水体氮
素等污染,蔬菜品质降低;四是造成肥料利用率低下,肥料投入成本居高不下,生
产效益下降。为此,针对盲目、超量、滥施化肥的现象,依据多年试验资料和实践经
验,提出日光温室蔬菜无公害生产平衡控制施肥技术。

　　(1)平衡施肥的原则　有机与无机相结合,重施有机肥为主;有机物料无害化
处理,以做底肥施入为主;"适氮、控磷、增钾、补中微",平衡土壤养分供给;肥料集
中根际深施覆土,防止氨害,减缓硝化作用;肥水结合,肥随水施,追肥以滴灌水肥
一体化供给为主。

　　(2)蔬菜作物需肥规律　蔬菜作物种类繁多,对养分需求各有不同,但与大田

作物相比,产量高、需肥量大。

　　茄果类蔬菜　包括番茄、茄子和辣椒等。在生产上要注意调节其营养生长与生殖生长之间的矛盾,在施肥上要重视磷、钾肥的施用,并保证氮、磷、钾养分的平衡供应,注意钙、铁、锰、锌等微量元素的施用。如番茄在坐果期喷施0.5%硝酸钙溶液可防治脐腐病,并可提高果实硬度,有利于贮藏及运输,同时对缺铁、缺锰和缺锌比较敏感,如果出现黄化症、花斑叶和小叶病,应及早喷施多元微肥(如图2-1-5、图2-1-6)。

图2-1-5　番茄缺钙症状(一)

图2-1-6　番茄缺钙症状(二)

　　瓜菜类蔬菜　包括黄瓜、西葫芦、西瓜、甜瓜等。其生长特点是营养生长与生殖生长并进,在施肥上要重视磷、钾肥的施用,并保证氮、磷、钾养分的平衡供应,注意锰、铜和钙等微量元素的施用。如黄瓜对缺锰、缺铜较敏感,所以及早喷施多元微肥有良好的增产作用。

　　豆类蔬菜　包括菜豆、荷兰豆、豇豆、豌豆和蚕豆等。这类蔬菜生长的特点是根瘤菌能固氮,所以这些蔬菜可以少施氮素;但对于食用嫩荚及嫩豆粒品种来说,氮素供应不可少,对磷肥及钾肥需要量多一些,对硼、钼、锌等微量元素很敏感。因此,在合理施氮、磷、钾肥的基础上,喷施硼肥及钼肥,对提高豆类的结荚率、促进籽粒饱满和提高产量有一定的作用。

　　(3)施肥量的确定　一般蔬菜需大量的氮和钾,需磷较少。在开花前后需钾最多,以后逐渐减少。对中、微量元素虽说需要极少,但必不可少,应喷施叶面微肥,平衡蔬菜营养。结合温室蔬菜生产实际,在施肥上以重施有机肥为基础(一般每亩施优质有机肥5000千克以上),适当控施氮肥用量,稳定或限制磷肥用量,增加钾肥用量,叶面喷施中、微量元素肥料。根据不同蔬菜的需肥特点和土壤供肥状况,确定氮、磷、钾及中、微量元素的适宜用量与相应的施肥技术,实行营养平衡配方施肥,实现氮、磷、钾养分之间的平衡和大量元素养分与中、微量元素养分之间的平衡。具体施肥量确定方法有土壤养分丰缺指标法和养分平衡法,但在实际生产中农户难以掌握。对此我们根据实践经验,在不同蔬菜生产技术中,提出了具体的施肥用量、施肥时期及方法。

(4)肥料品种的选择

①允许施用的肥料

一是有机肥料:包括作物秸秆、人畜粪便、堆肥、绿肥、饼肥、腐殖酸类等肥料。作物秸秆、人畜粪便等必须经过高温堆沤或发酵腐熟等无害化处理后方可施用。

二是化学肥料:氮肥中的尿素、碳酸氢铵等;磷肥中的过磷酸钙、重过磷酸钙、钙镁磷肥等;钾肥中的硫酸钾、钾镁肥等;微量元素中的硼砂、硫酸锌等;复合肥中的磷酸一铵、磷酸二铵、磷酸二氢钾等;以上述无机肥为原料制成的复混肥料;由以上所述的有机肥料与无机肥料混合制成的有机无机肥料等。

三是微生物肥料:获得农业部登记证的生物菌剂、微生物肥料,包括固氮菌肥、根瘤菌肥,磷细菌肥料、钾细菌肥料,复合微生物肥料等。

四是其他肥料:获得农业部门登记证的不含化学合成激素的新型肥料,包括叶面肥、冲施肥等。

②禁止施用或限量施用的肥料

一是禁止施用的肥料:不符合国家有关标准、未办理登记手续的肥料;未经无公害化处理的有机物料,含有激素、重金属超标的对蔬菜品质和土壤环境有害的肥料,如城市工业或生活垃圾、污泥、工业废渣、医院粪便垃圾等。

二是限量施用的肥料:硝态氮肥和含氯化肥。蔬菜应控制含氯化肥的施用,西瓜、甜瓜等忌氯作物禁止施用含氯化肥。

(5)施肥方法

种肥　把握一个"适"字。种肥是在蔬菜播种或移栽定植时,用于拌种、浸种和蘸根的肥料。施用种肥主要是为蔬菜苗期提供营养,使蔬菜苗齐、苗全、苗壮,为蔬菜高产打下基础。种肥必须是对种子发芽和蔬菜幼苗无不良影响的肥料,并严格掌握用量,按照肥料施用说明书的要求进行施用。用做种肥的肥料一般以微量元素肥料、叶面肥及微生物肥料居多。

底肥　把握一个"早"字。日光温室冬春茬蔬菜生产,应提早到9月中、下旬前整地施肥。每亩撒施充分腐熟的有机肥5000千克,然后深翻30厘米,使粪土掺匀。

"定植"肥　把握一个"巧"字。10月下旬至11月上、中旬,果类蔬菜定植时,在每两个定植垄间,开一道15～20厘米深的沟施入磷酸二铵、尿素或者复合肥。每亩施磷二铵20千克、尿素15～20千克,或者高浓度氮磷钾复合肥50～75千克,或者生物有机无机复合肥120千克,然后覆土起垄。栽苗时,每两株苗间点施一小撮磷二铵做"口肥",每亩约20千克。

追肥　讲究勤施少量。追肥的次数可根据蔬菜生育期长短确定,生育期短的蔬菜可在生长中期追1～2次肥,生长期长的蔬菜可在养分需求较多的期间3～4次肥,一般每15～20天追1～2次肥。根据不同蔬菜和不同肥料确定施肥方法。磷肥易被土壤固定,应集中施用,条施或穴施;钾肥做追肥要早施,也要深施、集中施;氮肥一般是开沟条施或穴施,生育后期也可随水冲施。冬季追肥,可将化肥事先溶解在水中,然后结合灌水,将化肥水冲入灌水沟内,一般灌水两次冲一次化肥水。另外,冬季低温、弱光,蔬菜生产缓慢,严冬过后要重追肥,以弥补作物冬季生育期间的消耗,为开春后的增产奠定基础。冬春茬瓜果类菜,特别是冬春茬瓜类菜,应于1月底至2月初重追肥一次。每亩用腐熟有机肥1500千克,开浅沟施入后埋土灌水。此时,还可每亩用4～6千克磷酸二氢钾,随灌水追施。

根外追肥　要严格控制喷施浓度。喷施叶面肥要注意严格按施用方法进行喷施,如稀释倍数、喷施时期、次数等。一般常用叶面肥的养分配比浓度及方法如下:

尿素水溶液　日光温室尿素水溶液浓度控制在0.4%～0.5%,在生长最旺、吸肥量大的黄瓜结瓜盛期和番茄的盛果期,每10天喷施1次,连续喷施2～3次,也可以与磷、钾肥结合施用,如0.5%的尿素溶液+0.3%的磷酸二氢钾溶液或0.12%有机钾肥溶液。适用于辣椒、芹菜、西葫芦、小青菜等喷施。

钾肥溶液　有机钾肥溶液浓度控制在0.12%～0.2%,磷酸二氢钾溶液浓度控制在0.2%～0.5%。

微量元素肥料溶液　日光温室蔬菜生长,不仅需要氮肥、磷肥和钾肥,而且还需要施用锌、硼、铁等微量元素肥料,可以起到增强抗逆性、提高产量的效果。几种常用的微量元素的使用浓度分别为:锌肥溶液用0.1%～0.2%的硫酸锌,硼肥溶液用0.2%～0.3%的硼砂或硼酸,铁肥溶液用0.1%～0.2%的硫酸亚铁。

氨基酸、腐殖酸类叶面肥　因不同品种、不同厂家生产的肥料有效成分及含量各不相同,使用时要严格按照肥料施用说明书要求的浓度稀释喷施。

5.日光温室施肥不良反应预防

(1)施肥注意事项

追肥时禁止施用挥发性肥料。日光温室蔬菜生产主要在冬春寒冷季节进行,由于日光温室密闭性好、通风量小,若施用挥发性肥料(如碳酸氢铵),易在日光温室内形成较高的有害气体浓度,危及蔬菜作物生长。

做基肥或追肥时,不能施用未腐熟的农家肥。因为这些肥料在日光温室内的高温条件下分解会产生大量的氨气,对蔬菜作物危害极大。

尽量少施或不施副成分高以及容易造成浓度障碍的化肥,如氯化钾等。

(2)滴灌施肥注意事项

不溶、溶解度低或在某种条件下极易发生反应、产生沉淀的肥料尽量不施用。若要施用,在施用前要做观测试验,以便了解堵塞滴孔的可能性。

肥料应首选滴灌专用肥或速溶性肥料,且一次施肥量不要过多。施肥时,先将肥料进行充分溶解,经过滤沉淀后再倒入施肥罐。

施肥时,待滴灌系统运行正常后,打开施肥阀施肥。滴灌系统运行一段时间,应打开过滤器排污阀排污,施肥罐内的残渣要经常清洗除去。

施肥是否完成可通过施肥罐内液体的颜色变化来确定。施肥过程中,若发现供水中断,应尽快关闭施肥罐上的阀门,防止肥液倒流。

施肥结束后,应持续一段时间灌清水,防止化学物质积累堵塞孔口。每年灌溉季节过后,应将整个系统冲洗后妥善保管,以延长其使用寿命。

滴灌推荐用肥:常规肥料配施宜选用尿素、水溶性硫酸钾、硝酸钾、硝酸钙、磷酸二氢钾、工业级磷酸一铵及高钙钾宝(13-2-14)、植物黄金钾(14-2-12)、高钙高钾(12-4-6)等可溶性强的肥料。

推荐施用金久丰奶肥(20-15-20,钙≥5、硼≥3、锌≥2)、瑞莱全营养水溶肥[20-10-20,17-5-17-3(钙)]、谷雨系列水溶性肥、银天化滴灌冲施肥(20-10-15,25-5-10,25-8-12)、上海绿乐多元素滴灌冲施肥、沃力丰(14-8-25)、天瑞磷钾铵(13-20-15)等专用滴灌肥。

(3)避免施肥引起的肥害　肥害是因肥料施用不当对蔬菜秧苗造成的危害。肥害初期表现从下部叶片开始,中午萎蔫,早晚可恢复,严重时早晚也难恢复。其发生原因是,配制营养土时掺入过量化肥或未腐熟的畜禽粪,造成土壤水分中养分浓度过高,根系吸水困难而"烧苗"。预防办法是,在配制苗床营养土时要使用充分腐熟过筛的有机肥,并严格按技术要求配施化肥,追肥一定要结合灌水进行。定植基施有机肥也必须充分腐熟,和配施的化肥一并均匀深施到耕作土层中,追施化肥严格控制用量。一旦发生肥害,要立即浇大水,可减轻或缓解症状。

(4)防止施肥引起的氨害　日光温室生产中,由于施用了大量的有机肥和氮素化肥,其分解过程中会产生大量氨气。若不注意施肥方法和及时通风换气,很容易产生氨害。据测定,氨气在空气中的浓度超过 10 毫克/千克时即会导致蔬菜叶片急速萎蔫,随之凋萎干枯呈烧灼状,轻者影响产量和品质,效益大幅度下降,重者绝产绝收。因此,在日光温室生产中应特别注意施肥方法,以防氨气危害。其主要措施有:

应用平衡施肥技术　根据不同蔬菜需肥规律,在重施优质有机肥的基础上,氮、磷、钾及中、微量元素肥料配合施用。肥料品种上尽可能选用高浓度复合肥,严格控制单一养分的氮素化肥用量。

分期分次施肥　坚持少量多次的原则,合理追肥,按不同蔬菜的不同生育阶段需肥特点,实行分期分次施肥,严格控制每次的施肥量不超量。

集中深施覆土　温室蔬菜施肥应全部深施,将肥料施于土壤 10～12 厘米深处,并及时覆土,这样可以减少与空气的接触机会,避免氮肥的挥发,控制氨气危害。基肥采用条施,追肥采用穴追施。

及时灌水　每次施肥后都要立即灌水,追肥应穴追施和冲施结合,尽量使用冲施肥。

通风换气　在施肥过程中,由于温室的湿度大、温度高,极易造成氨的挥发,引起氨气危害。施肥的同时要注意通风换气,防止氨气积累,降低室内氨气浓度。可以用 pH 试纸检测温室内的氨气含量。用 pH 试纸蘸取棚膜上的水珠,当 pH 值>7时,说明氨气存在,要及时通风;当 pH≤7时,说明温室内无氨气(如图 2-1-7、图 2-1-8)。

图 2-1-7　辣椒氨害症状(一)　　　　图 2-1-8　辣椒氨害症状(二)

二、温度调控技术

日光温室的温度包括地温和气温。温室内各部位由于透光量、空间大小、所处位置的不同,温度指标及其变化也不尽相同。

（一）蔬菜对温度的要求

1.蔬菜对气温的要求

（1）不同蔬菜作物生长发育适宜温度不同

耐热蔬菜　西瓜、南瓜、冬瓜、丝瓜、豇豆、刀豆等。白天 25～30 ℃、夜间 15～18 ℃,40 ℃ 也能正常生长。

喜温蔬菜　黄瓜、番茄、茄子、辣椒、菜豆等。白天 18～28 ℃、夜间 18～20 ℃,超过 40 ℃、低于 15 ℃不能正常开花结果。

喜凉蔬菜　芹菜、油菜、甘蓝等。白天 15～22 ℃、夜间 10～15 ℃,能耐 0～2 ℃ 低温,短时忍耐-3～-5 ℃ 低温。

（2）蔬菜不同生育期对温度的要求不同

发芽期　适宜温度较高,喜温耐热蔬菜为 25～30 ℃,喜凉蔬菜为 20 ℃左右。

幼苗期　适宜温度较发芽期低 3～5 ℃,适宜范围较广。

营养生长期　果菜温度介于发芽期和幼苗期之间;喜凉蔬菜产品形成需较凉爽气候条件。

开花结瓜期　要求温度较高,对温度敏感,适宜范围较窄,高温和低温容易引起落花落果。

果实成熟期和种子成熟期　要求温度较高。

2.蔬菜对地温的要求　蔬菜要求地温大多在 15～25 ℃,适应温度高限多为 34～38 ℃,最低温度果菜类为 12～14 ℃,喜凉蔬菜多为 4～6 ℃。

地温过低影响根对磷、钾和硝态氮的吸收,同时土壤中硝化细菌活动受抑制,铵态氮不能转化为硝态氮。地温高根系容易衰老,导致早衰。主要蔬菜作物对地温的要求见表 2-2-1。

表 2-2-1 主要蔬菜作物对地温的要求(℃)

蔬菜种类	最 低	最 适	最 高	蔬菜种类	最 低	最 适	最 高
番茄	10	20~22	38	西瓜	15	25~30	38
茄子	13~15	18~20	36	菜豆	10~13	26	38
辣椒	13~14	17~22	36	草莓	9~12	15~23	25
人参果	13~15	18~25	30	白菜	4	24	38
黄瓜	12~14	25左右	35	芹菜	6	18~23	32
西葫芦	12	15~25	28	甘蓝	5	20~24	38
甜瓜	14	22~25	33	莴苣	4	25	36

同气温比,地温比较稳定,变化缓慢,所以根系对温度变化适应能力不如地上部分,高温和低温危害往往出现在根部。苗期低温易引起立枯、猝倒、寒根等,高温易诱发番茄、辣椒病毒病。

3.低温危害

(1)冷害 0℃以上低温造成的危害。喜温蔬菜10℃以下就可能受害,主要表现为生长停止、落花落果、花打顶、寒根、沤根、卷叶、叶片褪绿等。

(2)冻害 0℃以下低温造成的危害。主要表现为褪绿变白、局部(生长点、叶缘)或整体干枯、过湿腐烂等。

(3)影响低温伤害的因素

外因 取决于温度降低的幅度和程度、低温持续时间的长短及发生的季节。温度降低越多,低温持续时间越长,危害越重;寒冷季节植株抗寒力增强,降温时危害轻,相反暖季降温危害重;降温后缓慢升温比急剧升温危害轻。

内因 取决于不同蔬菜种类、不同生育阶段对低温的忍受能力、植株的营养状态等。温带原产的蔬菜耐寒性强于热带原产的蔬菜;营养生长时期强于生殖生长时期;植株体营养好,细胞液浓度高,水分少,含氮化合物少,碳水化合物含量高,耐寒性强。几种主要蔬菜作物的霜冻指标见表2-2-2。

表 2-2-2　几种主要蔬菜作物的霜冻指标(℃)

蔬菜种类	发芽期	开花期	成熟期
番茄	0～-1	0～-1	0～-1
黄瓜	-0.5～-1	5	—
甜瓜	-0.5～-1	-0.5～-1	-1
菜豆	-5～-6	-1～-2	-1
豌豆	-7～-8	-2～-3	-3～-4
胡萝卜	-6～-7		
萝卜	-6～-7	—	-1
甘蓝	-5～-7	-2～-3	-6～-9
草莓	-16～-18	-3	-7

4.高温危害　由阳光直接暴晒和植株急剧蒸腾作用引起,主要表现为局部烧伤、坏死、萎蔫、落花、落果、落叶等。

(二)日光温室地温的特点

1.日光温室土壤温度的水平分布　日光温室内由于光照的水平分布和垂直分布有差异,各部位接受太阳光照的强度和时间长短、受外界邻近土壤以及温室进出口的影响,地温的水平分布具有以下特点:

(1)5厘米土层的地温的特点

中部地带温度最高,由此向南、向北递减。

后部地温稍低于中部,比前沿地带高。

夜间后部最高,向南递减。

阴天和夜间地温的变化梯度较小。

东西方向上温度差异不大,靠门的一侧变化较大,东西山墙内侧的地温最低。

(2)地表温度的特点

在南北方向上变化较明显。

晴天,白天中部最高,由此向南、向北递减。

夜间,后部最高,向南递减。

阴天和夜间的变化梯度较小。

2.日光温室土壤温度的垂直分布　冬季日光温室里的土壤温度,在垂直方向上的分布与外界明显不同。在室外自然条件下,0~50厘米的地温随深度的增加而增加,但在日光温室里则情况完全不同。

(1)不同深度土壤温度变化

晴天,上层土壤温度高,下层土壤温度低。原因是晴天地表接受太阳辐射,温度升高向下传递。

阴天或连阴天,下层温度比上层温度高。原因是遇到阴天,特别是连续阴天,太阳辐射能极少,温室里的温度主要靠土壤贮存的热量来补充,越是靠近地表处,交换和辐射的热量越多,其温度下降的也越多。地表的热量损失靠土壤深层热交换传导上来的热量补充。在连阴7~10天的情况下,地温消耗也越多,地温只能比气温高1~2℃。

(2)白天和夜间土壤温度变化　日光温室土壤温度的垂直分布,白天和夜间不同。晴天,白天地表0厘米温度最高,随深度的增加递减,13时温度达到最高,夜间10厘米深处最高,向上、向下均低;20厘米深处的地温,白天与黑夜相差不大。阴天,20厘米处的地温最高。

可见日光温室要提高土壤温度,通过深翻、增施有机肥、改善20厘米耕作层的土壤吸热和贮热能力是重要措施。

(三)日光温室的气温

太阳辐射的日变化对日光温室的气温有着极大的影响。太阳辐射强时,气温上升快,阴天时散射光仍可使室内气温有一定程度地提高。夜间或覆盖草帘后,隔绝了太阳辐射,除了盖完草帘后短时间内气温略有回升外,以后室温一直呈平缓下降状态。

1.日光温室气温的日变化

(1)气温的日变化　太阳辐射的日变化对气温有着极大的影响,晴天时气温变化显著,阴天不明显。

日光温室内最低气温往往出现在揭开草帘前的短时间内。揭帘后随着太阳辐射增强,气温很快上升,11时前上升最快,在密闭条件下每小时最多上升6~10℃,12时以后上升趋于缓慢,13时气温达到最高。以后开始下降,15时以后下降速度加快,直到覆盖草帘为止。盖草帘后气温回升1~3℃,以后气温平缓下降,直到第二天早晨。

气温下降的速度与保温措施有关。

上午,刚揭开草帘气温回升,原因是日光温室的贯流放热是不断进行的,只是晴天白天太阳辐射能不断透入温室内,温室的热收入大于支出,室温不会下降。

下午,到了午后光照强度减弱,温度开始下降,降到一定程度需要盖草帘保温,致使贯流放热量突然减少,而墙体、温室构件、土壤蓄热向空气中释放,所以短时间内出现气温回升。

(2)气温的季节变化　日光温室的温度随外界气温的季节性变化而呈明显的季节变化。

冬季　由于光照较弱、外界温度较低等原因,温室管理以增温保温为主。

春季　光照较强,日照时间也增加,外界气温升高,温室升温速度快,要根据天气变化加强温度管理。

夏季　气温较高,不利于蔬菜作物生长,管理上要注意通风降温。

秋季　温度变化与春季相反,前期高温,管理上以放风降温为主,后期低温,管理上以增温保温为主。

2.日光温室气温的水平分布　日光温室的气温在水平方向上南北之间、东西之间都有较大的不均匀性。

(1)南北方向气温变化特点　温室的气温中部最高,由此向南、向北均递减。气温在南北方向上的分布昼夜不同,晴天白天通常南部高于北部,夜间北部高于南部,最南部靠温室前脚 0.5 米范围内温度最低。

温室南部　白天光照好、空间也小,因而升温快,夜间由于热容量小以及靠近外界,降温也快,昼夜温差大,比其他部位高 6 ℃ 左右,育苗时不易徒长;但高温强光期放风不及时会灼烧或烤伤秧苗,冬季严寒天气又易冻伤秧苗,定植时南部应栽大苗。

温室北部　空间大,白天光照弱,升温慢;夜间由于墙体、后屋面等放热,加上热容量大等原因,降温缓慢。因此昼夜温差小,秧苗易徒长,植株生长势相对较弱。

温室中部　温度变化介于南北部之间。

根据温度特点,育苗移栽时应将大苗或徒长苗定植在温室南部。

(2)东西方向气温变化特点

东部　上午由于山墙遮阴,升温较慢也晚,10 时以后升温明显;中午升温加快,14 时达到最高值,到盖帘时比中部高约 2 ℃;晚上由于墙体散热,其温度略低于中部。

西部　上午升温快且早,12 时达到最高值,也比中部高 2 ℃ 左右;下午由于山墙遮阴,降温较早,到放草帘时低于东部 2 ℃ 左右;第二天揭草帘时可比东部温度低 2～3 ℃,因此温室的门洞最好开在温室东面墙上。

3.日光温室气温的垂直分布　温室上部白天升温快,夜间降温快,而下部正好相反。这种垂直温度差异受温室内种植蔬菜作物高矮的影响,种植高秧或搭架蔬菜时垂直温差加大,种植矮秧蔬菜时垂直温差差异不大。

温室上部,高温强光期易灼伤植株茎尖,寒冷的夜间又易冻伤植株生长点,生产上要加强温度管理。

4.天气阴晴对温度的影响　日光温室以太阳光为主要热源,因此温度的变化与天气阴晴状况密切相关。

晴天　在严寒季节室内最低温度一般也能保持在 5 ℃ 以上。

阴天　室内温度较低,尤其是连阴雪天气在一周以上时,室内最低气温可降到 2 ℃ ,甚至 0 ℃ 左右,严重影响喜温蔬菜生产,应配以临时加温设施,防止连阴雪天冻伤蔬菜。

(四)日光温室的温度调节

1.保温措施　保温措施主要是减少温室的散热量,温室散热量与温室的前、后屋面和墙体的保温能力有关。因此,要想提高温室的保温效果,就要相应地提高温室各部分的保温能力。

(1)保持墙体适宜的厚度和墙体干燥　墙体厚度一般为当地冻土层厚度再加50 厘米,或为当地冻土层厚度的 1.3～1.5 倍。墙体干燥时土间空隙多,传热慢,保温性好;墙体潮湿时,由于水的导热系数高,墙体保温性能降低。

(2)保证后屋面的厚度和屋顶干燥。

(3)在日光温室前沿修建防寒沟,切断室内外土壤联系,减少热量损失,提高地温。

(4)保证草帘厚度、覆盖质量和覆盖时间。草帘厚度以 5 厘米为宜。草帘要盖严实,上端压到后屋顶中部,下端盖到温室前沿 50 厘米左右处,最好盖住防寒沟。雪后及时清扫积雪,防止大雪压温室,草帘被雨雪水打湿,要尽快晾干。有条件时最好在草帘上面缝制一层旧棚膜或彩条布,以防草帘被雨雪水打湿而影响保温效果。

草帘早揭晚盖有利于增加光照时间,但揭得过早和盖得过晚都不利于保温。盖帘后气温应该在短时间内回升 2～3 ℃ ,然后缓慢下降。如盖帘后气温没有回升而是一直下降,说明盖帘晚了;揭帘后气温短时间下降 1～2 ℃ ,然后回升则属正常,反之不是气温下降而是立即升高,说明帘揭晚了。

(5)在山墙外修建缓冲间,以防室外冷空气进入室内,影响蔬菜作物的生长发育。

（6）采用多层覆盖形式。遇到连阴雨雪天气,室内气温较低时,可在室内采用临时加盖无纺布或小拱棚的方式保温。

2.增温措施　太阳光是温室热量的主要来源,增加白天的透光量,提高温室及土壤的蓄热量是温室增温的主要措施。临时加温是减少恶劣天气对蔬菜伤害的有效措施,也是温室增温的辅助措施。

（1）采用合理的温室方位、合理的采光角和棚型结构,使用无滴膜,保持透光面的洁净,增加温室透光率,使土壤积蓄更多的热量。

（2）采用高垄地膜栽培。高垄表面积大,白天受光多,升温较快,一般垄高20厘米左右;盖地膜能使垄层10厘米内的土壤地温提高2～3 ℃ ,地面最低气温增加1 ℃ 左右,同时地膜透气性好,保湿性强,可减少浇水次数,从而间接提高地温。但冬季不要盖严地面,否则地膜挡住土壤散热,影响室内夜间增温。一般落地面积不少于总面积的1/4。

（3）如遇雨雪天气,除正常覆盖草帘外,也可在温室外覆盖一层旧棚膜,既提高棚内温度,又保护草帘免遭雨淋。

（4）如有寒流降温天气发生,应在寒流到来前几天,适当提高棚内温度,尽量贮存较多的热能。

（5）如突遇强寒流,气温急剧下降,可在温室内放炉子进行临时加温。用炉火加温时一定要架设烟道,并防止烟道漏烟、漏气,以免发生一氧化碳和二氧化硫中毒现象。

3.降温措施

（1）通风降温　开启风口,让室内热空气散放出去,室外冷空气进入室内,以降低室内温度。

（2）遮阳　通过遮阳措施减少进入温室的太阳辐射能量,达到降温的目的。多用于夏季高温季节蔬菜育苗、定植缓苗期、久阴骤晴时。遮阳物有遮阳网和草帘等。

三、光照调控技术

（一）蔬菜作物对光照的要求

光照条件是指光照强度、光照时数、光照质量（光的波长组成）和光照分布状况,其中光照强度最为重要。

1.光照强度对蔬菜生长发育的影响

(1)光饱和点　在一定的光照强度范围内,蔬菜作物的光合速率随着光照强度的增加而增加,当光照强度达到某一定值时,光合速率不再增加,这时的光照强度称为光饱和点。光照强度超过光饱和点时,会起抑制作用,并使叶绿素分解,引起生理障碍。不同作物光饱和点差异较大。光饱和点还随环境中二氧化碳浓度的增加而升高。

(2)光补偿点　当光照强度降到某一定值时,作物光合作用制造的有机物与呼吸作用分解的有机物大体持平,这时的光照强度称为光补偿点。如果作物得到的光照强度长时间在补偿点以下,有机物的消耗多于积累,则作物生长迟缓,严重时植株枯死。

(3)蔬菜作物需光特性和要求　根据蔬菜作物对光照强度的要求,蔬菜可分为三类:

强光性蔬菜　黄瓜、西葫芦、西瓜、甜瓜、番茄、辣椒、茄子等,要求光照强度4万勒以上。

中光性蔬菜　菜豆、芹菜等,要求光照强度1万~4万勒。

弱光性蔬菜　生菜、菠菜、茼蒿、芫荽、茴香、水萝卜等,要求光照强度2万勒左右,光太强不利于生长,品质也差。

2.光质对蔬菜生长发育的影响

(1)可见光(400~760纳米),占全部太阳辐射的52%。

直射光　温室基本的热量来源。

散射光　主要成分是蓝紫光,被叶绿素吸收,用于光合作用。

(2)红外线(≥760纳米),占全部太阳辐射的43%,促进种子萌发和茎的生长。红光被叶绿素吸收,转变为热能,提高室内温度。

(3)紫外线(300~400纳米),占全部太阳辐射的5%,促进种子萌发和茎的生长。紫外线照射多,叶绿素增加,幼苗健壮,产量高。

3.光照时间对蔬菜生长发育的作用

(1)光照时间对蔬菜生长发育的影响　一是影响光合作用;二是影响日光温室内热量的积累;三是影响开花结果,即光周期现象(日照长短对蔬菜生长发育的反应)。

(2)蔬菜作物的光周期反应　根据蔬菜作物对光照时间的要求和反应,蔬菜可分为三种:

长日照蔬菜　12小时以上,促进花芽分化和开花。主要蔬菜有十字花科蔬菜、葱蒜类、萝卜、胡萝卜、芹菜、菠菜、莴苣、豌豆等。

中光性蔬菜　较长和较短光照条件下,进行花芽分化和开花。主要蔬菜有茄果类和大多数瓜菜类蔬菜。

短日照蔬菜　12小时以下,促进花芽分化和开花。主要蔬菜有豇豆、扁豆、大豆、四棱豆、苋菜、茼蒿、草莓、丝瓜、甜玉米等。

(二)日光温室的光照分布与变化

由于棚膜的吸收与反射、温室骨架材料遮阳、棚膜上附着的灰尘及水滴吸收等因素减少透光,日光温室内的光照强度为露地的50%～80%,其垂直分布和水平分布与露地差别也较大。

1.日光温室光照的时空分布　日光温室内的光照强度变化与自然光照是同步进行的,并随着季节的变化、日变化而使日光温室的光照强度有所改变。在晴天,午前随着太阳高度角的增大而增强,中午光照强度最高,午后又随着太阳高度角的减小而降低,不过温室内的光照强度变化比室外要平缓一些。

2.日光温室内光照的水平分布　在南北方向上,中部以南区域为强光区,中部以北区域为弱光区;在东西方向上,中部光照最强,东部和西部由于山墙的遮阴而在墙下产生阴影,使光照强度降低。

3.日光温室光照的垂直分布　光照强度由上而下递减,且递减的速度比室外大。随着温室高度的增加,地面光线也越来越弱。

(三)日光温室的光照调节

1.增加室内光照

(1)采用合理的温室方位和屋面角度。

(2)选用合理的温室结构及骨架材料。

(3)选用优质长寿、透光性好、防尘、抗老化、无滴棚膜。使用两个月后,聚氯乙烯膜透光率为55%;聚乙烯防尘膜透光率为82%。新无滴膜透光率为90%左右,普通有滴膜透光率为60%～70%。

(4)充分利用散射光,后墙涂白或后墙张挂反光膜等。

(5)经常打扫、清洁薄膜,保持薄膜较高的透光率。阴天也要适当揭草帘,以增加光照。

2.人工补光　在条件较好的地方,在连续阴雨雪天气时,也可利用白炽灯、弧光灯或日光灯、高压发光灯等进行人工补光。补光时灯泡离植株和棚膜50厘米左右。参考使用照度:40瓦日光灯3根合在一起,可使离灯45厘米处光照强度达到3000～3500勒;100瓦高压水银灯可使离灯80厘米处光照强度保持在800～1000勒。

3.温室遮光　作用是减弱光照强度和降低温度。一般遮光20%~40%,可降温2~4 ℃。遮阳物有草帘、遮阳网等,一般可遮光50%~55%,降温3.5~5.0 ℃。

四、水分调控技术

日光温室的水分包括空气湿度和土壤水分。

(一)蔬菜作物对土壤水分和空气湿度的要求

1.蔬菜作物对水分的要求(表2-4-1)

表2-4-1　蔬菜作物对水分的要求

需水类型	根系吸水力	蔬菜种类	管 理 要 点
不多	强	西瓜、甜瓜、南瓜、苦瓜等	抗旱力很强,浇水次数可少
	弱	葱、蒜、石刁柏等	喜湿,应经常浇水
中等	中等	茄果类、根菜类、豆类等	较耐旱,要适时浇水,保持土壤见干见湿
多	弱	白菜类、甘蓝类、黄瓜、四季萝卜、绿叶菜类等	喜湿,需经常浇水,保持土壤湿润
很多	很弱	藕、荸荠、茭白、菱等	在水田或水塘中栽培

2.蔬菜作物对空气湿度的要求(表2-4-2)

表2-4-2　蔬菜作物对空气湿度的要求

类 型	蔬菜种类	适宜相对湿度(%)
湿润型	黄瓜、绿叶菜类、白菜类、韭黄、水生蔬菜类等	85~90
半湿润型	萝卜、豌豆、蚕豆、马铃薯、丝瓜、苦瓜、冬瓜、蛇瓜等	70~80
半干燥型	番茄、茄子、辣椒、菜豆、豇豆等	55~65
干燥型	西瓜、甜瓜、南瓜、胡萝卜、葱蒜类等	45~55

3.不同生育阶段蔬菜作物对土壤水分和空气湿度的要求

(1)种子萌发　需吸收大量水分。

(2)幼苗出土　吸水力弱,土壤半干半湿,同时要求较高空气湿度。

(3)发棵期　进行蹲苗,保持地面干燥;柔嫩多汁的茎、叶等食用器官形成要大量浇水,土壤含水量为80%~85%。

(4)开花期　适当减少水分供应和降低空气湿度,有利于坐果。

（5）果实生长期　需大量浇水。

（6）种子成熟及西瓜、甜瓜果实成熟期　要控制土壤水分和降低空气湿度,保证种子成熟和果实有较高含糖量。

（二）日光温室的空气湿度

空气湿度的大小是受季节、温度、作物的蒸腾量、地面的蒸发量等多方面因素影响的。

1.日光温室空气湿度的季节变化　温室空气相对湿度的变化,往往是低温季节大于高温季节。

2.日光温室空气湿度的日变化　夜间大于白天。

（1）白天　中午前后,温室内气温高,空气相对湿度较小。

（2）夜间　气温迅速下降,空气相对湿度也迅速增大。

阴天空气相对湿度大于晴天,浇水后湿度最大,以后逐渐下降,灌水前最低。放风后湿度也要下降。温室空气相对湿度的变化规律是:揭帘时最大,以后随温度升高,相对湿度下降,到13—14时下降到最低;以后随温度下降湿度开始升高,盖草帘后空气相对湿度很快上升到90%以上,直到次日揭帘。

3.日光温室空气湿度依温室面积和空间大小而变化　日光温室面积大,室内空间大,空气相对湿度较大且变化较小;空气相对湿度不仅容易达到饱和,而且日变化也剧烈。

（三）日光温室的土壤水分

土壤水分的含量既影响蔬菜作物从土壤中吸收养分和水分,还影响土壤中空气的含量,同时对作物根系的呼吸、土壤微生物的活动、土壤溶液浓度都有影响。

1.冬季　温度低,消耗水分少,浇水后土壤湿度增加,持续时间长。

2.秋末、春末、夏初　气温高,光照好,作物生长旺盛,地面蒸发和作物蒸腾量大,加上放风量大、时间长,水分散失多。

一天当中白天水分消耗量大于夜间,晴天大于阴天。

（四）日光温室湿度的调节

1.日光温室空气湿度的调节

（1）通风排湿　通过调节通风口大小、时间和位置,以自然通风换气法达到降低湿度的目的。

（2）减少地面水分蒸发　室内覆盖地膜,或采用膜下暗灌、滴灌的方法,减少土壤蒸发量;浇水后及时中耕松土,切断土壤毛细管,减少表层土壤水分蒸发。

（3）避免水分结露　覆盖无滴长寿膜,防止棚膜表面结露,从而降低棚内空气湿度。

（4）增加棚内温度降湿　寒冷季节室内温度较低时，通过适当加温等措施（温度升高1℃，空气相对湿度降低约5%），既能满足喜温蔬菜对温度的要求，又能降低空气的相对湿度。需要注意的是，在黄瓜高温闷棚防治霜霉病时，必须保持较高的空气湿度，否则植株会忍受不了高温而受害甚至枯死。

（5）增加温室透光率　增加温室透光率可提高室温，室温升高后进行通风换气，也可达到降低湿度的目的。

2.日光温室土壤湿度的调节　主要通过灌水等方法来调节。

（1）灌水时间　主要依据蔬菜作物各生育期的需水规律以及植株的生长表现、地温高低、天气状况等确定。

判断植株缺水的基本标准　中午秧苗一点不萎蔫，说明土壤水分充足；中午稍有一些萎蔫，下午3—4时恢复正常，说明水分合适；如日落后仍不恢复，说明土壤严重缺水，必须立即浇水。

地温高低与浇水时间的确定　地温高时浇水，水分蒸发快，蔬菜作物吸收也多，一般不会导致土壤湿度过大。

10厘米地温在20℃以上时浇水合适；地温低于15℃时要慎重浇水，必要时浇小水，浇温水；地温在10℃以下禁止浇水。

（2）天气状况与浇水的关系　冬季蔬菜作物定植时宜用20～30℃温水，平时浇水要求水温与当时室内地温基本一致，最好不低于2～3℃。冬季一般灌水要选择晴天，且浇水后最好能有几个连续晴天。冬天和早春浇水要在早晨，此时水温和地温差距小，地温容易恢复，同时还有充足的时间放风排湿。

在气温较高季节，不宜在晴天温度较高时浇水，浇水后地温骤降，影响根系的吸收能力。

3.灌水量　灌水量与蔬菜作物种类、气象条件、土壤条件、作物生长状况、通风、地膜覆盖等因素有关。因此，灌水量确定也比较复杂，必须具体情况具体分析。在寒冷季节，避免因灌水过多而降低地温；后期可能为了降温而加大浇水力度。最好采用膜下暗灌或滴灌方式进行浇水，少浇勤浇。

4.浇水方式　采用滴灌、膜下暗灌等节水灌溉技术。温室内进行滴灌浇水，要与地膜覆盖措施相结合，滴灌管设在地膜下面，以免浇水时增加空气湿度。

温室内土壤水分过大，可通过中耕、提高气温等方法散湿。

五、气体调控技术

日光温室是在控制条件下进行生产,气体条件与露地不同之处在于二氧化碳及有害气体的成分。这些与蔬菜作物的生长发育有直接关系。

(一)二氧化碳

1.日光温室内的二氧化碳　二氧化碳是绿色植物光合作用的主要原料之一,蔬菜正常生长要求空气中有较高浓度的二氧化碳。据试验,大多数蔬菜的二氧化碳饱和点为 1000～1600 毫克/升,二氧化碳补偿点为 80～100 毫克/升。在补偿点和饱和点浓度之间,二氧化碳浓度越高,光合作用越旺盛,增产效果越明显。

日光温室是个相对密闭的空间,其中二氧化碳主要来自大气、植物和土壤微生物的呼吸活动、有机肥的分解,光合作用消耗的二氧化碳均来源于此。早晨揭开草帘前二氧化碳浓度最高,为 700～1000 毫克/升;揭开草帘后,随着作物光合作用的增强,二氧化碳浓度迅速下降。在不放风的情况下,二氧化碳不足成了蔬菜作物正常生长发育的障碍,从而影响其产量和品质。从生产角度来讲,一般当温室内的二氧化碳浓度低于大气中二氧化碳浓度(300 毫克/升)时,就要补充二氧化碳。

2.二氧化碳的调节

(1)通风换气　一般在室内二氧化碳浓度低于大气水平时,采用通风换气的方法补充二氧化碳。这种方法简便易行,但只能使室内二氧化碳最高浓度达到大气水平。

(2)增施有机肥　在温室内增施有机肥,在微生物的作用下,可不断向室内释放二氧化碳。这种方法可行性强,但释放二氧化碳时期短,仅 1 个月左右,且浓度不易控制。当土壤中二氧化碳浓度超过 5 毫克/升时,不利于蔬菜的生长发育,所以这种方法也有其局限性。

(3)人工施用二氧化碳　使用固体二氧化碳,或采用化学法补充二氧化碳。施用二氧化碳应注意以下几点:

施用浓度　温室内施用二氧化碳浓度以 800～1500 毫克/升为宜。具体施用浓度依蔬菜种类、生育时期、光照及温度等条件而定。菜类蔬菜以 1000～1500 毫克/升为宜,其中结果期前以 1000 毫克/升为宜,结果期以 1200～1500 毫克/升为宜。冬季低温或弱光或阴天时, 以 800～1000 毫克/升为宜, 春秋光照强时以 1000～1500 毫克/升为宜。

施用时间　二氧化碳施肥一般在秋、冬、春三季施用。果菜类一般在结果期施用,条件允许时在苗期也可施用,浓度为 1000 毫克/升。晴天一般在日出后半小时到一小时开始施用;轻度阴天或多云天气可推迟半小时施用。

注意与温、光、水、肥相互配合　施用二氧化碳后白天温度管理比不施用二氧化碳的要高 5 ℃ 左右,并维持较高湿度。温度高于 32 ℃时要缩短二氧化碳施肥时间。施用二氧化碳后茎叶易徒长,夜间温度比不施用二氧化碳的低 1～2 ℃ 。温度低于 15 ℃ 不宜施用二氧化碳。

温室内光照弱(低于 3000 勒)时,如阴天、下雪天,不要施用二氧化碳,防止发生二氧化碳气体中毒。施用二氧化碳后,植株生长速度加快,对水肥需求量也相应增加;因此要加大肥水供应,防止脱肥、脱水现象的发生。

(二)氧气

1.氧气的作用　蔬菜作物呼吸要有充足的氧气,茎叶呼吸所需氧气可以从空气中得到满足,根系需要的氧气要从土壤中获得。一般种子发芽要求土壤含氧量在 10%以上,充足的氧气有利于根系的呼吸作用,有利于根对营养元素的吸收,促进侧根及根毛的发生。缺氧时种子易腐烂,土壤含氧量低于 5%,根系就不能进行正常的吸收活动,根系甚至会窒息死亡。

2.氧气的改善　温室蔬菜作物光合作用放出大量氧气,茎叶的呼吸作用不会出现缺氧的问题,而土壤常常因浇水过量、空气湿度大影响土壤水分蒸发,土壤过湿引起根系缺氧。通常采取的措施有:增施腐熟有机肥,中耕松土防止土壤板结,覆盖地膜,操作沟定期进行中耕,温室浇水适量。

(三)有害气体

1.有害气体种类　主要有因氮肥施用不当或过多而产生的氨气、二氧化氮,炉火加温时未排出去的二氧化硫和一氧化碳,以及塑料制品中产生的一些有害气体。

2.主要预防措施

(1)氨气、二氧化氮危害的预防　使用充分腐熟的有机肥;避免过量使用氮肥;追肥易深施,施后浇水,切忌撒施,也可随水追施。

(2)二氧化硫和一氧化碳危害的预防　临时用火炉加温时,注意火道密封。最有效的办法是经常通风换气。通风换气的原则是放风量由小而大。切忌阴天不通风,即使是雨雪天气,中午也要稍通风一会。

(3)塑料制品中有害气体的预防　选用合格的棚膜、地膜,防止乙烯、氯气以及其他有毒添加剂的溢出,少用或不用聚氯乙烯制品。

第三章　日光温室作物栽培管理技术

一、黄瓜栽培管理技术

(一)品种选择

应选择耐低温能力强、耐弱光性、抗逆性强,适应当地消费习惯,株型紧凑、以主蔓结瓜为主,早熟、高产、商品性好的品种。主要有长春密刺王(如图 3-1-1)、津春 3 号、津春 4 号、津优 35 号、津杂 2 号等。亩产量能达到 5000～7000 千克。嫁接砧木品种为云南黑籽南瓜和青研一号。

(二)茬口安排

茬口安排有两种模式。一种是越冬一大茬种植模式(如图 3-1-2),8 月中旬育苗,9月中旬定植,10 月下旬采收,翌年 6 月中旬

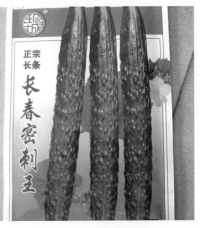

图 3-1-1　长春密刺王

拉秧。一种是秋冬茬、早春茬两茬搭配种植模式(如图 3-1-3、图 3-1-4)。秋冬茬在 8 月中旬育苗,9 月中旬定植,10 月下旬采收,翌年 2 月上旬拉秧;早春茬在 12 月中旬育苗,2 月中旬定植,3 月下旬采收,6 月中旬拉秧。

图 3-1-2　越冬一大茬黄瓜(8 月—翌年 6 月)

图3-1-3　秋冬茬黄瓜(8月—翌年2月)

图3-1-4　早春茬黄瓜(2月中旬—6月中旬)

（三）嫁接育苗

枯萎病是黄瓜栽培中的严重病害,嫁接是预防土传病害的主要方法。嫁接方法主要有靠接法、插接法和劈接法三种。

1.配制营养土　要用未种过瓜类的大田土与充分腐熟的有机肥、少量化肥以及杀菌剂配置营养土。大田土的比例为60%～70%,营养土中有机肥占30%～40%,用驴粪、羊粪为好。每立方米营养土中再加尿素和硫酸钾各0.5千克、过磷酸钙3～4千克、多菌灵80～100克。将大田土和有机肥分别过筛,按比例混合堆积在温室内(如图3-1-5至图3-1-7)。

图3-1-5　有机肥和大田土过筛

图3-1-6　营养土中掺入杀菌剂

图3-1-7　营养土中掺入化肥

2.苗床准备　苗床一般以宽 1.2 米、长 5 米为宜,床内营养土厚 10 厘米(如图 3-1-8)。

3.播种及管理

(1)浸种催芽　先选大小一致、饱满的种子,在阳光下暴晒 2 天。黄瓜种子用 55 ℃、南瓜种子用 60 ℃ 的水烫种,搅拌至 30 ℃ 时恒温浸泡。黄瓜种子浸种 6～8 小时,南瓜种子浸种 8～10 小时。在种子充分吸水后要洗去种皮上的黏液,置于 28～30 ℃ 恒温条件

图 3-1-8　苗床图片

下催芽。24 小时后,种子露白后适时播种。南瓜催芽适宜温度 28～32 ℃。早晚用 25 ℃ 温水淘洗一次。

(2)播种　当黄瓜播种 5～6 天后,再播种南瓜(如图 3-1-9 至图 3-1-13)。

图 3-1-9　装营养钵

图 3-1-10　点播南瓜种子

图 3-1-11　点种黄瓜种子

图 3-1-12　盖上营养土

图 3-1-13　播种好的苗床

（3）播种后苗床管理（如图 3-1-14 至图 3-1-16）

图 3-1-14　苗床轻洒水

图 3-1-15　盖上地膜保湿

图 3-1-16　出苗长势

出苗前　温室内温度白天控制在 28～30 ℃，夜间 20 ℃ 左右，地温 20～25 ℃ 。

顶土后　室温白天控制在 20～25 ℃，地温 15～18 ℃ 。

4.嫁接及嫁接后管理

（1）靠接法　黄瓜播种后 13～15 天即能进行嫁接。嫁接时幼苗标准为，苗高 5～7 厘米，茎粗细一致，真叶初展，子叶肥厚。黑籽南瓜待子叶展平，真叶露心时为最宜嫁接时间。

当黄瓜第一片真叶半展开，南瓜子叶完全展开时（南瓜播后 7～10 天）即可接。嫁接前三天用 50%多菌灵 800 倍液对嫁接苗喷药。嫁接在晴天进行。从苗床取下带土黄瓜和南瓜苗，首先去掉南瓜真叶和生长点，用刀片在子叶下 1 厘米处向下斜切一刀,角度为35～40度,深度达茎粗的1/3(如图3-1-17、图3-1-18),切口不能与髓腔相通。然后在黄瓜子叶下1.5厘米处以35～40度角向上斜切一刀,深度为茎粗的3/5(如图3-1-19、图3-1-20)。接着把砧木和接穗的两切口互相嵌合,此时黄瓜与南瓜的子叶呈"十"字形,用嫁接夹从黄瓜一侧固定,切口边一定要对齐,一次契合好,避免重复操作(如图3-1-21、图3-1-22)。下刀及嫁接速度要快,刀口要干净,接口处不能进水。黄瓜苗靠在嫁接夹内侧。

图 3-1-19　将接穗一面削成楔形

图 3-1-17　将砧木削成只剩一片子叶

图 3-1-18　削好的砧木

图 3-1-21　将接穗靠到砧木上

图 3-1-20　削好的接穗

图 3-1-22　用嫁接夹固定

(2)插接法　黄瓜苗高5厘米左右,子叶展平;黑籽南瓜也为子叶展平,真叶露心为宜。

黄瓜子叶展平即可,南瓜苗大小同靠接法。嫁接时,先把南瓜苗去掉生长点,用同接穗下胚轴同样粗的竹签子,从南瓜右侧子叶的主脉向另一侧子叶方向朝下斜插5～7毫米,竹签尖端不刺破砧木下胚轴表皮为宜,接穗在子叶下0.8～1.0厘米斜切2/3,切口长0.5厘米,再从另一面削同样一刀形成楔形削面,拔出竹签插入接穗,使黄瓜和南瓜子叶呈"十"字形排列。

　　(3)劈接法　劈接法操作简易,接口较高,病菌不易从接口侵入,移栽管理方便。嫁接时,先切削砧木,用刀片将黑籽南瓜的生长点切除掉(如图3-1-23),再去掉腋芽,在胚轴一侧,用刀片自上而下劈1.5厘米的切口(如图3-1-24)。切口深度与接穗苗胚轴的粗度相同,然后再切削接穗,以30度角将接穗胚轴削成双斜面楔形(如图3-1-25至图3-1-27),接面长1.5厘米,用左手食指和拇指轻捏砧木子叶节部位,右手食指和拇指轻拿接穗插入切口内,使砧木和接穗的组织接合,用嫁接夹从接穗的一侧固定好(如图3-1-28、图3-1-29)。

图 3-1-23　将砧木摘心

图 3-1-24　将砧木沿一侧向下劈 1～1.5 厘米

图 3-1-25　削接穗

图 3-1-26　将接穗另一侧削成楔形

图 3-1-27 削好的接穗

图 3-1-28 将接穗插入砧木中

图 3-1-29 将接穗固定好

（4）嫁接后管理 嫁接后要注意增温保温、遮光和保湿，这是嫁接苗成功与否的关键。可在温室内的苗床上搭建小拱棚或盖地膜，光线太强时要适当遮光（如图 3-1-30）。嫁接后小拱棚上要遮光 1～2 天。嫁接后前 3 天白天保持室温 25～30 ℃，夜间保持 17～20 ℃，地温在 15 ℃ 以上，拱棚内相对湿度保持在 95% 以上。

第 3 天至第 7 天温度白天控制在 23～28 ℃，夜间 11～17 ℃，湿度 70%～

图 3-1-30 嫁接后在苗床上搭建
小拱棚遮光保温

80%。第 3 天早晚要见弱光，通小风，以后逐渐加大通风量和光照时间，第 7 天以后就可撤去拱棚，苗不萎蔫则不再进行遮光。第 8 天后转入正常管理。温度白天控制在 23～28 ℃，夜间 11～17 ℃，地温 15 ℃ 以上。

靠接 10～15 天后伤口即可愈合,此时接穗的第一片真叶已舒展开,在接口下方 1 厘米左右处用刀片或剪刀将接穗的胚茎剪断,并移走一小段茎,以防剪口再次愈合。这就是靠接苗的"断根"。断根的同时可随手去掉嫁接夹。

定植前 7 天要开始进行低温炼苗,白天 22～25 ℃,夜间前半夜 16～17 ℃、后半夜 10～15 ℃,凌晨最低气温可降到 7～8 ℃,日照时间 8～10 小时。

经过以上管理后,苗株高 10～13 厘米,茎粗达到 0.8 厘米,叶片数 3～4 片,叶片大而厚,颜色浓绿,节间短,下胚轴 3 厘米根系发达而洁白,花芽分化早,无病虫害。

(四)定植管理

1.对温室进行消毒

(1)药剂熏蒸消毒　每亩用 80% 的敌敌畏乳油 250 克拌上锯末,与 2～3 千克硫黄粉混合,分 10 处点燃,密闭 24 小时,放风后棚内无味可以开始定植。

(2)高温消毒　应在 7—8 月高温时进行。前茬作物收获后,将铡碎的麦草按每棚 200～300 千克均匀撒在地面,翻入土中,浇水后覆膜暴晒 15 天(土温可达50 ℃ 以上),进行高温消毒。这样,既可杀掉土传病虫,又可增加土壤养分。

2.定植前准备

(1)整地培肥　定植前 15 天,在棚内浇水。定植前将腐熟的有机肥撒施在温室内,60 米棚施有机肥 8 立方米,同时施磷酸二铵 30 千克、尿素 15 千克、硫酸钾9 千克,配肥比例为 1∶0.5∶0.3,均匀撒施并深翻 30 厘米,将肥料混入土壤中,然后整平地面(如图 3-1-31 至图 3-1-33)。

图 3-1-33　施有机肥

图 3-1-31　深　翻

图 3-1-32　培肥整地

（2）起垄覆膜　按南北方向起垄，垄宽80厘米、沟宽40厘米、沟深25厘米，然后覆上地膜，将地膜拉紧覆平，准备定植（如图3-1-34至图3-1-36）。

图3-1-34　起　垄

图3-1-35　浇　水

图3-1-36　覆　膜

图3-1-37　确定株距

（3）定植密度和方法　定植株距为30厘米，密度为每亩3700株（如图3-1-37）。定植采用水稳苗法。定植时用与营养钵等粗的打孔器，按株距打定植穴，穴深8～10厘米，先在定植穴内浇足水，等水浇完后，将苗放入穴内。定植穴的深度以苗坨与垄面相平为宜，过浅或过深都会延长缓苗时间，影响其成活率

（如图3-1-38至图3-1-41）。

图 3-1-38　打定植穴

图 3-1-39　加营养土

图 3-1-40　浇杀菌水

图 3-1-41　定　植

（五）定植后管理

1.温度管理　温度管理是前提条件。黄瓜是喜温作物,采用高温管理方式才能实现高产丰产。因此,初花期,温室内夜间温度保持在10℃以上,地温在12℃以上,才能保证黄瓜正常生长（如图3-1-42）。

图 3-1-42　查看地温

定植后白天温度保持在25～28℃,夜间12～15℃。缓苗后白天温度保持在25～28℃,夜间12～15℃。开花坐果期白天温度26～30℃,夜间15℃以上,以保持正常的开花授粉。

2.光照管理　温室黄瓜生长期多处于弱光季节,因此,要想办法提高棚膜的透光性。

冬春季节在保证温室内温度 15 ℃ 的前提下,尽量延长光照时间,及时清除棚面的灰土,改善温室光照条件,以提高温室内的温度。必要时,还要在温室后墙内侧悬挂铝箔反光膜。

3.肥水管理　黄瓜是喜水、喜肥蔬菜,只有保证充足的水肥供应才能保证产量。定植时要灌足定植水。缓苗后至开花前一般不再浇水。开花坐果后结合浇水要追 3 次肥。每亩追施磷酸二铵 18～20 千克和尿素 14～15 千克。每隔 10～15 天浇水 1 次。

4.植株调整和管理

(1)吊蔓　幼苗定植缓苗后,瓜秧长到 5～6 片叶时,要及时吊蔓。吊蔓方法:在每个栽培垄上方沿垄走向拉一道铁丝,铁丝的南端固定在拉杆上,在温室北部沿东西方向拉一道铁丝,垄上的铁丝北端可固定在绳上。铁丝上绑上尼龙线,每根线吊一棵黄瓜,把尼龙线的下端绑在黄瓜植株茎部(如图 3-1-43)。

图 3-1-43　吊　蔓

图 3-1-44　绕　蔓

(2)绕蔓　瓜秧吊蔓后,生长 5～7 天,植株增高,这时要将黄瓜茎蔓绕在尼龙吊线上。由于生长速度快,要经常绕蔓,避免生长点下垂(如图 3-1-44)。

(3)去除老叶和卷须　要及时摘除黄瓜和南瓜植株下部的 1～3 片老叶,去除卷须,留 1 条主蔓结瓜,避免养分无谓消耗。

(4)落蔓　当黄瓜长到吊绳上端时,为能连续结瓜,应进行摘叶落蔓。先将绑在植株基部的吊线解开,一手捏住黄瓜的茎蔓,另一只手从植株顶端位置向上拉吊线,让摘掉叶片的黄瓜植株下部茎蔓盘在地面上,然后把吊线下端再绑在原来的位置。降下植株生长点,黄瓜就又有了生长空间。以后还要多次落蔓。落蔓时间应在下午为好。

(六)采收上市

采收是关键。首先根瓜要及时采收,防止坠秧。商品瓜要按分级标准,及时采收上市。对生长期的病瓜、畸形瓜及衰弱植株上的瓜也要及时摘出棚外。

二、西瓜栽培管理技术

(一)品种选择

1.接穗品种的选择　温室早熟栽培的西瓜品种应具备以下性状:

(1)雌花出现节位低,雌花率高,雌花开放到果实成熟30天左右。

(2)较耐低温和弱光,在较低温度和较弱光照下生长发育比较正常。

(3)生长稳健,主蔓结瓜能力强。

(4)对采收成熟度要求不太严格。由于温室栽培的西瓜果实是在较低的温度下形成的,必然影响到它的品质。温室早熟栽培应选择美丽、京欣一号等主栽品种,也可选择宝冠、夏福、新金兰、新一号、黑美人等。

美丽　中早熟品种,雌花开放到成熟33天,果实圆形,皮色浓绿覆墨绿色清晰条带,外观美丽,瓜瓤大红,质地脆沙,汁多纤维细,中心折光糖12%,品质佳,皮坚韧不裂果,不易空心,单果1.5～2千克,坐果整齐,抗病性强,适应性广。

京欣一号　杂交一代品种,植株生长势较弱,主蔓8～10片叶出现第一朵雌花,果实圆形,底色绿,上有16～17条明显深绿色条纹,肉色桃红,肉质脆沙多汁,果皮厚约1厘米,单瓜平均1.5～2千克,含糖量11%～12%,果皮薄,易裂果,不耐运输。

2.砧木品种和选择　选用砧木一般需要注意四点:

(1)与接穗品种的亲和力和共生亲和力都比较强。

(2)不影响西瓜的品质和风味。

(3)根系发达,抗病、耐低温和耐高湿的能力较强。

(4)嫁接操作方便。不同的砧木具有不同的性质和使用效果。从低温伸长性来看,依次为南瓜、瓠瓜、西瓜和冬瓜;从根系的吸肥性来看,南瓜砧好于瓠瓜砧;从苗龄上来看,南瓜砧的苗龄不宜超过30天,而瓠瓜砧的苗龄可达45天。目前温室早熟栽培常见砧木品种有以下几种:

瓠瓜　表现为亲和力强,成活率高,共生期很少出现生育不良的植株。瓠瓜抗枯萎病,而且对为害根部的根瘤、线虫、黄守瓜等有一定的耐性。另外,雌花出现早,成熟也较早,对西瓜的品质风味无不良影响,是目前比较理想的砧木。

共荣　西瓜、黄瓜的公用砧木,高抗枯萎病的南瓜砧木。嫁接亲和性好,低温生长性强,吸肥力强,对西瓜、黄瓜品质无不良影响。

壮士　西瓜、甜瓜、黄瓜的公用砧木,属中国南瓜。抗镰刀菌病害,做黄瓜、甜瓜、西瓜砧木亲和性良好,吸肥、吸水力、低温生长性强。

永康　西瓜、甜瓜的公用砧木。砧穗亲和性良好,嫁接苗结果性、产量、品质稳定。

勇士　耐蔓枯病西瓜的专用砧木。耐枯萎病,低温生长性良好,嫁接苗生长强健,生长发育良好,结果稳定,不影响果型、品质、风味。

(二)茬口安排

日光温室栽培西瓜可实现周年生产,实际生产中可依据收获期安排育苗时间。日光温室西瓜生产苗龄为 30～35 天,定植到采收 90～100 天,从开花到成熟 50～60 天。从市场需求、经济效益方面来看,栽培上分秋冬茬、冬春茬两个茬口。

图 3-2-1　秋冬茬(10月上旬—翌年1月)

1.秋冬茬栽培可在 9 月上中旬育苗,10 月上中旬定植,主要供应元旦、春节两个节日。也可秋冬茬收获后平茬进行二次坐瓜,再收一茬。具体做法是:1 月份收获后,首先从 30 厘米处平茬,待子蔓伸长 15 厘米左右后,再从 10 厘米处平一次茬,留整齐一致的健壮蔓进行再生结瓜,供应"五一劳动节"(如图 3-2-1)。

2.冬春茬定植时间一般是在 2 月份,育苗可从 12 月中下旬到 1 月上中旬,此间育苗定植的西瓜一般在 4 月中下旬到 5 月初开始上市,主要供应"五一劳动节"(如图 3-2-2)。

(三)嫁接育苗

1.苗床准备　床土选用未种过葫芦科作物的肥沃耕作土和优质腐熟农家肥,过筛后按 7∶3 比例混匀,每立方米营养土加入磷酸二铵 1 千克、硫酸

图 3-2-2　冬春茬(2月—5月初)

钾 0.5 千克。将配制好的营养土均匀铺于苗床上,厚度为 10 厘米,或装入 10 厘米×10 厘米的营养钵中备用。苗床准备好后,每平方米苗床用福尔马林 30~50 毫升兑水 3 升,喷洒苗床,用棚膜闷盖 3 天后揭膜。

2.种子处理

(1)消毒处理

晒种　播种前一天,将种子放在太阳光下晒 6~8 小时,利用紫外线进行消毒处理。

温汤浸种　将种子在 55 ℃温水中放下提起数次,待水温降到 30 ℃后浸泡 15 分钟,主要防治真菌病害。

药剂浸种　先用清水浸泡 3~4 小时,再用 10%磷酸三钠溶液浸泡 20 分钟,捞出洗净,主要防治病毒病。

(2)浸种催芽　消毒后的种子浸泡 6~8 小时后捞出洗净,在 25~30 ℃条件下催芽。

(3)播种　根据栽培季节、育苗手段、壮苗指标和产品上市时间选择适宜播种期。每亩西瓜接穗用种量 100~150 克;砧木用种量瓠瓜 250~300 克,黑籽南瓜 1000 克。当催芽种子有 80%以上露白时即可播种。播前苗床浇透水,待水渗完后将种子均匀撒入苗床,或者点入营养钵中,播后盖营养土 1 厘米,最后覆盖地膜,扣上小拱棚即可。

3.嫁接前的管理　出苗前白天温度 28~30 ℃,夜间温度 15~20 ℃,保持土壤湿润。出苗后及时撤去地膜并适当降温,白天 25 ℃左右,夜间 15~17 ℃。

(1)靠接　砧木比接穗晚播 5 天左右,接穗 2 叶 1 心、砧木子叶展平时采用靠接法嫁接。嫁接时用草帘遮阴,空气相对湿度保持在 80%~90%。

(2)插接　砧木比接穗早播 5 天左右(如图 3-2-3 至图 3-2-9)。

图3-2-3　挖掉南瓜生长点　　　　　　图3-2-4　用竹签插进砧木

图 3-2-5　将接穗一面
削成楔形

图 3-2-6　将接穗另一面
削成楔形

图 3-2-7　削好的接穗

图 3-2-8　将接穗插进砧木

图 3-2-9　接好后用嫁接夹固定

4.嫁接后的管理　前 3 天全部遮光,不通风,白天 26～28 ℃,夜间 20～22 ℃,相对湿度 95% 以上。3 天后,早、晚揭帘见散射光,白天 22～28 ℃,夜间 14～18 ℃,早晚开始通风排湿,并逐渐加大通风量。7 天后,白天 22～23 ℃,夜间 13～16 ℃,只在中午强光时遮阴。10 天后试断根,若无萎蔫即可全部进行断根。定植前一周左右,降低苗床温、湿度,增加其抗逆性,以利于定植后缓苗。合格苗日历苗龄 30～40 天,植株高 15～20 厘米,茎粗 0.8 厘米,3～4 叶 1 心,叶色浓绿,无病虫害。

(四)定植前的准备

1.整地施肥　每亩施充分腐熟的优质农家肥 5000 千克、饼肥 200～300 千克、尿素 12～13 千克、磷肥 13～14 千克、钾肥 10 千克。化肥 2/3 用于撒施,1/3 用于沟施。

2.棚室消毒　播前每亩用 2～3 千克硫黄粉加锯末熏蒸消毒,土壤用 50% 多菌灵可湿性粉剂 2 千克与干土拌匀后消毒。

(五)定植

西瓜幼苗长至 4～5 片真叶即日历苗龄 30～40 天时进行定植。采用宽窄行栽培,覆盖地膜。宽行 80 厘米,窄行 60 厘米。株距 60 厘米,每亩定植 1400～1500 株(如图 3-2-10)。

图 3-2-10　定　植

(六)田间管理

1.环境调控　缓苗期,白天 27～32 ℃,夜间 15～20 ℃,湿度 80%～90%。开花坐果期,白天 25～30 ℃,夜间 14～16 ℃,湿度 50%～80%。结果期,白天 25～30 ℃,夜间 15～20 ℃,湿度 50%～60%。采用透光性好的醋酸乙烯膜,保持膜面清洁,尽量增加光照强度和时间。

2.肥水管理　采用膜下暗灌或滴灌。定植时浇稳苗水,3～5 天后浇缓苗水。坐瓜后结合浇水每亩追施尿素 6～7 千克、钾肥 5 千克;10～15 天后随水追施无害化处理的有机肥。

3.植株调整　瓜蔓长至 30～50 厘米时,用尼龙绳或塑料绳将主蔓吊起。采用双蔓整枝,即保留一主一侧(如图 3-2-11、图 3-2-12)。

图 3-2-11　掐枝蔓

图 3-2-12　吊　蔓

4.人工授粉　选留主蔓上第二与第三雌花坐瓜。上午 9—10 时,摘取当日开放的雄花,剥去花瓣,露出雄蕊,将花粉涂抹在雌花柱头上。一朵雄花可涂抹 3～

朵雌花,也可用蕃茄灵药液蘸花(如图 3-2-13)。授粉后挂牌标明坐瓜日期。

5.吊瓜 当瓜长至 1 千克左右时用网袋将瓜吊起,以防坠秧(如图 3-2-14)。在结瓜部位上留 8~10 片叶摘心,以利养分向果实运输。

图 3-2-13 蘸 花

图 3-2-14 吊 瓜

三、甜瓜栽培管理技术

(一)品种选择

要选用耐低温、弱光、抗性强的品种。适合日光温室栽培的品种主要有银帝、金红宝等。

1.银帝 中熟品种,全生育期 90~95 天,坐果至成熟 40 天。短椭圆形,白皮浅绿色肉,品质优,含糖量 16%~17%,极丰产,抗病性和贮运性较好(如图 3-3-1)。

2. 金红宝 早熟品种, 全生育期

图 3-3-1 银 帝

80~85 天,坐果至成熟 35 天。长椭圆形,黄皮橘红色肉, 品质优, 含糖量 16%~18%,极丰产,抗病性较好(如图 3-3-2)。

图 3-3-2 金红宝

（二）茬口安排

1.早春茬　12月下旬—翌年1月中旬育苗,1月下旬—2月中旬定植,5月上中旬采收(如图3-3-3)。

2.秋冬茬　8月上中旬育苗,9月上中旬定植,11月下旬—翌年2月上旬采收(如图3-3-4)。

图3-3-3　早春茬(1月下旬—5月上中旬)　　图3-3-4　秋冬茬(9月上中旬—翌年2月上旬)

（三）培育壮苗

甜瓜育苗多采用营养钵或穴盘等护根措施育适龄苗。

1.浸种催芽　每亩地用种50～100克,用55～60 ℃温水浸种,边倒边搅动,维持55 ℃水温10分钟左右,加入冷水降温至28 ℃浸泡4～6小时。将浸泡好的种子捞出,用干净且用开水烫过的湿纱布包好,然后放在28～30 ℃的温度下催芽20～24小时,当种子露白后即可播种。

2.播种　播种前用温水浇足底水,湿透营养土或基质,在每个营养钵或穴盘中挖一小坑,坑深约1厘米,每个坑内点播1粒发芽的种子,播后覆盖一层湿润的营养土或基质,厚约1厘米。盖上地膜,提高温度和保持床土湿度。

3.苗期管理　出苗前白天温度28～30 ℃,夜温16～20 ℃;出苗后白天温度25～28 ℃,夜间12～15 ℃;定植前7～10天,白天20～25 ℃,夜间12～15 ℃。

（四）整地定植

1.定植期的确定　播种后25～30天瓜苗2叶1心时定植。

2.整地施肥　每亩施优质腐熟农家肥4000～5000千克、磷酸二铵40～50千克、尿素30千克、硫酸钾20千克、过磷酸钙50千克。肥料撒施后人工深翻,使肥混匀。按1.4米宽南北向做畦,畦面宽0.9米、沟宽0.5米,浇水沉实土壤,南北方向覆膜。

3.定植　甜瓜选晴天上午栽苗,将幼苗分大、中、小三级分区栽植,定植时按株距45～50厘米打穴,按穴定苗,幼苗基质坨上面覆盖1厘米细土,以保持基质水分。每亩栽2000～2200株,定植后,浇足定植水,待水下渗后,用500倍敌克松药土封穴(如图3-3-5、图3-3-6)。

图3-3-5　移　栽

图3-3-6　用药土封穴

(五)定植后的管理

1.温度管理　定植后白天温度25～28 ℃,夜间不低于15 ℃;缓苗后白天温度25～30 ℃,夜间12～15 ℃;开花坐果期白天温度26～30 ℃,夜间15 ℃以上,保持正常的开花授粉。

2.光照管理　甜瓜生长需较强的光照强度,应注意保持棚膜洁净,提高透光率。

3.气体调节　由于棚内施肥量大,温度高,且棚内相对封闭,常造成氨气积累,要通风换气,使棚内空气流通。同时,向棚内补充二氧化碳气体,可提高甜瓜光合作用强度,提高产量。在生产中,也可通过增施有机肥或者安装二氧化碳发生器等办法,自动补充二氧化碳气体。

4.肥水管理　缓苗后至开花前一般不用再浇水,开花坐果后,结合浇水分3次每亩追施磷酸二铵18～20千克和尿素14～15千克,每隔10～15天浇水1次,全生育期共浇水4～5次。

5.植株管理　瓜苗长到5～6片叶时吊蔓。主蔓1～10片叶时腋间抽生子蔓全部抹掉,主蔓11～14节抽生子蔓为留瓜节位,及时摘除留瓜节位以上的子蔓,待子蔓雌花开放时,在花前留1叶打顶,同时进行主蔓摘心(如图3-3-7、图3-3-8)。

图3-3-7　整　枝

图3-3-8　合适的结瓜部位

6.授粉和留瓜　日光温室栽培甜瓜因缺少昆虫传粉,需实行人工授粉。一般在早上10时左右花冠展开后,将雄花取下,并将花粉均匀地涂抹在雌花的柱头上,一朵雄花授一朵雌花,也可用蕃茄灵药液蘸花(如图3-3-9)。坐果后,瓜长到鸡蛋大小时,选留一个果形正、无畸形的幼果,其余及时疏去,以免浪费养分。

7.吊瓜　果实坐住以后,膨大很快,应适时吊瓜。一般在果实长到0.25千克左右时,用尼龙绳吊住果柄(如图3-3-10)。

图3-3-9　蘸　花

图3-3-10　吊　瓜

（六）采收

甜瓜以果实糖分达到最高点而肉质尚未变软时为采摘适期。采收时，需保留果柄和部分枝蔓形成"T"字形，操作应轻拿轻放。采收后放置在阴凉场所，分级包装进行出售（如图3-3-11、图3-3-12）。

图3-3-11 采 收

图3-3-12 留"T"字形瓜把

四、小乳瓜栽培管理技术

（一）品种选择

宜选择耐低温、弱光、抗病、优质、高产、商品性好的碧玉二号、夏美伦等品种（如图3-4-1、图3-4-2）。

图3-4-1 碧玉二号

图3-4-2 夏美伦

（二）育苗

1.营养土或基质的准备 选用未种过蔬菜的肥沃耕作土和优质腐熟农家肥，过筛后按7:3比例混匀作为营养土，采用营养钵育苗。每立方米营养土加多菌灵100克、辛硫磷50克杀菌、杀虫。也可采用穴盘基质育苗，方法同上。用塑料薄膜闷盖 3 天后即可。

2.种子处理　用 55 ℃ 温水浸种 15 分钟,杀死大部分真菌;用 10%磷酸三钠浸种 20 分钟,可防治病毒病。

3.播种　60 米标准棚用乳瓜种子 1950 粒,播后覆 1.5 厘米厚的营养土或基质,再盖上地膜(冬季育苗扣上小拱棚)即可。2 叶 1 心时即可移栽。

4.苗期管理

(1)温度管理　播种至齐苗,白天 28～30 ℃,夜间 18～20 ℃;出苗后揭膜,白天 25 ℃ 左右,夜间 15～16 ℃。

(2)水肥管理　底水浇足,苗期视天气、幼苗情况适当浇水、追肥。穴盘育苗每天浇水 1～2 次。

5.定植前准备

(1)整地施肥　60 米标准棚施优质农家肥 10000 千克、磷肥 100 千克、尿素 15 千克、磷酸二铵 30 千克、硫酸钾 20 千克。农家肥以撒施为主,深翻 25～30 厘米。化肥 2/3 用于撒施,1/3 用于沟施。结合整地,60 米标准棚施入辛硫磷 0.5 千克。

(2)棚内消毒　定植前 7～10 天,60 米标准棚用 2～3 千克硫黄粉加锯末进行熏蒸消毒,每棚用 75%达科宁(百菌清)可湿性粉剂或 50%甲基托布津可湿性粉剂 2 千克与干土拌匀后撒入土壤中进行消毒。

(三)定植

1.定植时期　日历苗龄苗期夏季 13～15 天,冬季 20～25 天。株高 8～15 厘米,茎粗 0.5 厘米以上,2 片真叶时为宜。

2.定植方法　采用宽窄行定植,宽行 70 厘米,窄行 50 厘米。定植前浇水稳苗,待水渗后按 30 厘米间距定苗,定植 7～10 天后覆地膜即可,60 米标准棚保苗 1900 株左右。

(四)定植后的管理

1.温度管理　定植至缓苗,白天 25～30 ℃,夜间 15～20 ℃;缓苗后,白天 25 ℃ 左右,超过 30 ℃时放风,排湿降温,降至 20 ℃ 时闭棚。前半夜 15 ℃以上,后半夜 10～13 ℃,早晨揭帘前 8～10 ℃。结果期,白天 25～30 ℃,前半夜 15～20 ℃,后半夜 13～15 ℃。夏季栽培当外界气温稳定在 14 ℃进行整夜通风。

2.水肥管理　定植后夏秋季当天灌水 1 次,冬春季 2～3 天灌水 1 次。灌水方法以膜下暗灌为主,灌水时间以晴天上午为主,灌水量以每棚 10 立方米左右为宜。开花结果后开始追肥,肥料以磷酸二铵、尿素、硫酸钾为主。结果期一水一肥,每次每棚追施尿素 8～10 千克、硫酸钾 10 千克,原则上不浇白水。

　　3.光照管理　早晨揭帘后,及时擦去膜上灰尘及杂物(如图 3-4-3),雨雪天气过后要及时接帘,增加散射光。

　　4.植株调整　乳瓜长至 7～8 片叶进行吊蔓,龙头接近吊蔓线时进行落

图 3-4-3　经常擦洗棚膜

蔓;及时摘除老叶、黄叶、病叶、卷须等。及时抹去多余的瓜,每个叶片留 1 瓜(花打顶、疯长)(如图 3-4-4、图 3-4-5)。

图 3-4-4　抹　芽

图 3-4-5　吊　蔓

　　5.适时采收　根瓜及时采收后,每天采收 1 次。采收一般在早晨进行,以保证瓜含水量大,品质鲜嫩。

五、番茄栽培管理技术

(一)番茄的生长环境条件

　　番茄属于茄科草本植物,是喜温、喜光、耐肥及半耐旱的作物。在不同生育时期对温度的要求不同,生长最适温度是 20～28 ℃,低于 15 ℃或高于 35 ℃生长不良,致死低温 1～2 ℃。

(二)品种选择

　　选用耐低温、弱光、抗病、优质、高产的中熟、中晚熟粉红、大红硬肉果型品

种,如耐莫尼塔梅赛德斯(如图3-5-1)、劳斯特、保罗塔(如图3-5-2)、耐莫塔密、富达、宝冠等。

图3-5-1　梅赛德斯

图3-5-2　保罗塔

(三)茬口安排

1.越冬一大茬　7月下旬育苗,9月上旬定植,12月上旬采收,翌年6月下旬拉秧(如图3-5-3)。

2.秋冬茬　7月下旬育苗,9月上旬定植,12月上旬采收,翌年2月中旬拉秧(如图3-5-4)。

图3-5-3　越冬一大茬(9月上旬—翌年6月下旬)

3.早春茬　11月下旬育苗,1月下旬定植,4月中旬采收,6月下旬拉秧(如图3-5-5)。

图3-5-4　秋冬茬(9月上旬—翌年2月中旬)

(四)育苗

1.苗床准备　选择无病虫的肥沃耕作土和优质腐熟农家肥,过筛后按7:3的比例混匀,然后均匀铺于苗床上,厚

图3-5-5　早春茬(1月下旬—6月下旬)

度 10 厘米。每平方米苗床用 50% 多菌灵或 25% 甲霜灵兑细土拌匀,2/3 药土撒在苗床面上,1/3 覆盖在种子上面。

2.种子处理 用 55 ℃ 温水浸种 15 分钟,主要防治真菌病害;先用清水浸泡 3~4 小时,再用 10% 磷酸三钠溶液浸泡 20 分钟,主要防治病毒病。

3.播种 每亩用种量 30~50 克。当催芽种子 70%~80% 露白时即可播种,也可用消毒种子直接播种。播后覆营养土 1 厘米,最后在床面上盖上地膜,70%~80% 幼苗顶土时撤除地膜。

4.苗期温度管理 播种至出苗,白天 25~30 ℃,夜间 15~20 ℃;出苗后,白天 20~25 ℃,夜间 10~15 ℃;第一片叶展开后,白天 25~28 ℃,夜间 15~18 ℃;5~6 片叶时,白天 20~25 ℃,夜间 12~16 ℃;定植前 5~6 天,白天 15~25 ℃,夜间 8~10 ℃。

(五)定植前准备

1.整地施肥 每亩施优质腐熟农家肥 8000 千克以上、尿素 20~25 千克、磷酸二铵 25~30 千克、硫酸钾 20 千克。

2.棚室消毒 定植前 7~10 天,每亩用 2~3 千克硫黄粉加锯末进行熏蒸消毒,或每平方米空间用 75% 百菌清粉剂 1 克加 80% 敌敌畏乳油 0.1 克与锯末混匀后熏蒸一昼夜。

(六)定植

1.定植时间 选择连续晴天上午进行,这样有利于促进作物发根,提高成活率(如图 3-5-6)。

2.定植方法 南北向起垄,垄宽 70 厘米、沟宽 50 厘米、沟深 25 厘米,垄面铺设两条滴灌带,南北向用地膜覆盖垄面。幼苗 4~5 片真叶时采用宽窄行定植,宽行 70 厘米,窄行 50 厘米,株距 40 厘米。相邻两行采用三角形交错定植,并用药沙围苗防茎基腐病发生。

图 3-5-6 定 植

(七)栽培管理

1.环境调控 缓苗期,白天保持温度 25~28 ℃,夜间 15~20 ℃,空气相对湿度 80%~90%;开花结果期,白天温度 22~28 ℃,夜间 10~15 ℃,空气相对湿度 60%~70%;结果期,白天温度 22~28 ℃,超过 30 ℃ 放风,低于 23 ℃ 闭风,低于

20 ℃盖草帘保温,前半夜 13～15 ℃,后半夜 7～13 ℃,空气相对湿度 50%～60%。冬春季节保持棚膜洁净,温室后部张挂反光膜。

2.肥水管理　定植时浇稳苗水,3～5 天后浇缓苗水。第一穗果实膨大时开始浇水施肥,以后每穗果实膨大时进行浇水施肥。浇水宜在晴天上午进行,全生育期结合浇水追肥 5～6 次,每次每亩追施尿素 16～18 千克、硫酸钾 10～12 千克。

3.植株调整　用尼龙绳、塑料绳及时吊蔓;采用单杆整枝方式进行整枝,并及时摘除下部老叶、黄叶、病叶(如图 3-5-7 至图 3-5-9)。

图 3-5-7　吊　蔓

图 3-5-8　整　枝

图 3-5-9　打老叶、黄叶、病叶

4.保花疏果　用防落素、2,4-D 蘸花,或在果穗 3 朵花正常开放时用小喷雾器喷果穗,不得重复蘸花或喷花,避免产生畸形果,并在其中加入 0.1%速克灵、腐霉利等防治灰霉病。大果型品种每穗选留 3～4 果,中小果型品种每穗留 4～6 果(如图 3-5-10 至图 3-5-14)。

图 3-5-10　蘸花

图 3-5-11　疏花

图 3-5-12　疏果

图 3-5-13　打顶

六、茄子栽培管理技术

(一)品种选择

应选择耐低温、寡光、植株生长健壮、适应性好、抗病虫能力强、优质、高产、耐贮运、商品性好、适合市场需求的品种。

1.长茄品种

(1)兰杂 2 号(兰竹长茄)　生长势强,分枝较强,叶片卵圆形,较大,绿色稍带紫

图 3-5-14　落蔓

晕。始花节位为第 7—8 节。果实中长棒形,果形指数约为 6,果皮紫色,单果重 150～160 克。皮薄籽少,果肉松,质细嫩,不易老,食味佳,较耐寒、耐热、早熟和丰产。通过嫁接,一大茬栽培亩产量可达 6000～7000 千克。

(2)长野狼茄　进口杂交一代种。早中熟,植株长势旺盛,抗病。果实长棒形,紫黑萼片,果皮紫色,长 40～45 厘米,粗 5 厘米左右,表皮光滑发亮,肉质细嫩。坐果力好,产量高。

(3)大龙长茄　果实黑紫色,光泽好,果实长大形。茎稍细,分枝旺盛,丰产性强,抗黄萎病。果细长,果长 23～45 厘米。果肉细嫩,品质佳。

(4)长获 5 号茄子　生长势强,长势略开张,叶略大,分枝性中等。每花房 2～3 花。果实略细长,25～30 厘米,果实条形均匀性很好。果实黑紫色,色泽艳丽,新鲜感强烈,果皮薄而软,肉质细嫩,品质佳,产量极高。

(5)大龙三号　中早熟品种,前期产量高。长条形,条形直,色泽紫黑亮丽。直径 3.0～4.5 厘米,植株高,果长 28～45 厘米,单果重 200～300 克,产量高,耐低温、弱光。质嫩且口味佳,抗病。

2.圆茄品种

天津二苠茄　中熟,生长势较强。果实圆形稍扁,紫色,有光泽。果实硕大,平均 750 克以上,最大可达 1500 克。果肉白色,致密细嫩,品质优。较耐低温、寡光,适合日光温室深冬茬栽培。亩产量 5000 千克左右。

3.砧木品种

茄子嫁接可以使用的砧木有托鲁巴姆,CRP(金理一号),赤茄,茄砧 1 号、3 号、4 号、5 号等,以前三种在生产上表现较好。

托鲁巴姆　由日本引进,嫁接亲和力好,高抗青枯、立枯及根线虫等土传病害,根系发达,采果期延长 5 个月,越冬栽培,耐寒性好,优质高产。

(二)茬口安排

1.越冬茬　7 月底 8 月初播种育苗,10 月初嫁接,11 月初定植,元旦前开始采收,可收到 6 月以后,若采用平茬更新栽培,可收至 12 月份(如图 3-6-1)。

2.早春茬　11 月初播种,翌年 1

图 3-6-1　越冬茬(11 月初—翌年 6 月底)

图 3-6-2　早春茬(2 月初—6 月底)

月初嫁接,2 月初定植,3 月中下旬开始采收(上市较大棚早 40～60 天),可收到 6 月份以后, 若采用平茬更新栽培,可收至 12 月份(如图 3-6-2)。

3.秋冬茬　7 月中旬播种接穗,不嫁接,9 月中旬定植,10 月底开始采收,收至 1 月底后拉秧(如图 3-6-3)。

图 3-6-3　秋冬茬(9 月中旬—翌年 1 月底)

(三)嫁接育苗

1.育苗

(1)播种期　按茬口要求确定播种期。用托鲁巴姆做砧木时,要较接穗提前 30～40 天播种(高温季节取下限,低温季节取上限);用赤茄、茄砧系列做砧木时,较接穗提前 7～10 天播种。

(2)播种量　按每亩栽苗 2200 株确定播种量。

砧木　托鲁巴姆种子很小,千粒重仅有 1 克,每亩需种子 6～9 克;茄砧 1 号千粒重 3 克,每亩需种子 18～27 克。

接穗　接穗品种千粒重为 6 克,每亩约需种子 40 克。

(3)苗床准备　床土选用未种过蔬菜的肥沃耕作土和优质腐熟农家肥,过筛后按 7:3 的比例掺和均匀后过筛。播前床土先用 40%福星乳油 5000 倍液加 50%多菌灵可湿性粉剂 500 倍液均匀喷洒消毒,或每平方米苗床用 50%多菌灵可湿性粉剂 8 克兑细土拌匀,2/3 药土撒在苗床面上,1/3 覆盖在种子上面。每亩需砧木和接穗苗床 5 平方米和 10 平方米。

(4)种子处理　茄子(接穗)种子用 40%福星乳油 8000 倍液加 50%多菌灵可湿性粉剂 800 倍液浸种 2 小时。托鲁巴姆(砧木)种子不易发芽,需催芽,催芽前用 100～200 ppm 浓度(质量分数为 $100×10^{-6}$～$200×10^{-6}$)的赤霉素液浸泡 24 小时,晾干后再放入清水中浸泡 24 小时,捞出装入小布袋,在 25～30 ℃ 条件下催芽。

(5)催芽

浸种　将砧木或接穗种子在 55 ℃ 水温下浸泡 15 分钟,然后降至 20～30 ℃,

接穗浸泡8小时,托鲁巴姆24小时,茄砧1号、CRP等浸12小时。

催芽 将浸种后的种子放在28～32℃的恒温箱或土炕上催芽,或采取变温催芽,在一天中,16～18小时控制在28～32℃,6～8小时控制在16～20℃。催芽时将种子用湿纱布或湿毛巾包裹放在容器里,注意水要控净,特别是容器底部不能有积水,每天早晚用20～30℃温水冲洗一次。5～7天后发芽。

(6)播种 催芽种子70%～80%露白时或直接用消毒种子进行播种育苗。将催好芽的种子按2厘米×2厘米撒播在浇足水的苗床上,随后覆培养土1厘米,再用地膜盖严,保温保湿。

(7)分苗前管理 播种后出苗前,尽量使床温保持在30℃左右,出苗后撤去地膜,气温控制在20～25℃,床温20℃左右,始终保持床土湿润。

(8)分苗 秧苗具有2～3片真叶时分苗。为了便于嫁接,最好将砧木移入8厘米×8厘米或10厘米×10厘米营养钵中。将接穗移植在分苗床上(分苗床床土厚8～10厘米)。按10厘米×10厘米开沟移栽,采用水稳苗法,待水渗下后,壅土合拢。分苗后白天保持20～30℃,夜间16～18℃。

2.嫁接 通常用劈接法或斜切接法。

(1)劈接法 待砧木苗长到5～6片真叶时嫁接。先将砧木留2～3片真叶平茬,去掉上部,再从茎中央下劈1.0～1.5厘米。从分苗床上取出接穗苗,保留2～3片真叶向下部削成1.0～1.5厘米长的楔形削面,削面要平滑且与砧木下劈长度相等,然后将削好的接穗插入砧木接口,注意最少要使砧木和接穗一边形成层对齐,最后用嫁接夹固定,及时放入事先做好的拱棚内,浇足底水,水不过嫁接口(如图3-6-4至图3-6-9)。

图3-6-4 砧木留2～3片真叶平茬　　　　图3-6-5 将砧木茎垂直劈开

图 3-6-6 切接穗

图 3-6-7 将接穗下端削为楔型

图 3-6-8 将接穗插入砧木切口

图 3-6-9 用嫁接夹固定

(2)斜切接法 待砧木苗长到 5～6 片真叶时嫁接。将砧木保留 2 片真叶,用刀片向上斜切,形成长 1.0～1.5 厘米的斜面。然后取出接穗,保留 2～3 片真叶,用刀片削成与砧木相反的斜面,去掉下部,两斜面贴合后用嫁接夹固定,同样要求形成层对齐。

3.嫁接苗管理 嫁接后将苗摆放在小拱棚中,四周要盖严,顶部要遮阴,前 3 天不能通风,不见光或只见很弱的光。要在地面上充分浇水,保持棚内较高的空气湿度(不能直接在苗上洒水),棚内温度以 28～30 ℃ 为宜,控制在 25 ℃ 左右时,成活率高,但愈合速度慢。3 天后开始从小拱棚两头慢慢放风,慢慢揭去遮阴物,增强光照强度,延长光照时间,10 天后基本完全愈合,可转入正常管理。当接穗长到 5～6 片叶时即可定植。

（四）定植

1.定植前的准备

（1）温室消毒

温室消毒　室内消毒要在定植前 15～20 天,棚室覆盖薄膜,提高棚内温度。并于定植前 5～7 天, 每亩温室用 45% 的百菌清烟雾剂和 10% 速克灵烟雾剂各 0.5 千克进行燃放熏蒸,以达到室内消毒的目的。也可在定植前 7～10 天,每亩温室用 2～3 千克硫黄粉加锯末进行熏蒸消毒。

日光温室土壤消毒　①太阳能消毒方法,每年将用旧的废薄膜收好留做土壤消毒用,在七八月份利用太阳直射时间长、温度高来进行土壤消毒。具体方法为:每亩施入碎草 1000～2000 千克、30～60 千克的硫铵,深耕,整地成宽 60～70 厘米、高 30 厘米的小畦,这主要是为了增加地表面积,使地温升高快。畦面盖上旧薄膜,沟内灌满水至畦面湿透为止。将温室大棚顶膜盖严密封 7 天以上(天气晴好时为 7 天,如阴雨天时间要加长),采用该方法地表温度可达 80 ℃ 以上,一般的病虫卵都能杀死。②药剂消毒方法,每亩温室可用 50% 多菌灵可湿性粉剂或 50% 甲基托布津可湿性粉剂 2 千克兑干土拌匀后进行消毒。

（2）整地施肥　温室土壤消毒后进行土壤深耕翻晒。结合整地每亩施入优质腐熟有机肥 4000～5000 千克、磷酸二铵 25～30 千克、硫酸钾 20 千克。肥料撒后再深翻一次,使粪土均匀。在作畦时畦底每亩施生物有机肥 200 千克。

（3）起垄　采用高畦栽培,膜下灌水,畦宽 80 厘米、高 25～30 厘米、沟顶宽 70 厘米。并按行株距 70 厘米×40 厘米在畦上开穴,每亩开 2200～2400 穴。垄中间做暗沟:宽 30 厘米、深 20 厘米,地膜覆盖在暗沟上,用暗沟灌水,起垄时做暗沟。暗沟的做法:在垄中间做宽 25 厘米、深 20 厘米的沟,其上覆盖地膜,在地膜下的暗沟中灌水。

2.定植

（1）壮苗标准　苗龄 70～80 天,具 5～6 片真叶,植株高 20 厘米,叶片深绿、肥厚,节间短,茎粗,根系发达。

（2）定植　在定植前 20 天扣棚膜,以提升温室内地温,促进有机肥快速腐熟、分解。在 10 厘米土壤温度稳定通过 10 ℃ 后定植。

采用大垄双行高垄栽培定植。选晴天定植,株距 37～42 厘米,小行距 50 厘米,大行距 70～80 厘米,每亩栽苗 2200～2400 株,挖穴后浇窝水,待水渗下后,将苗坨轻轻放入穴内,等待发根 3～5 天,苗坨周围出现白色新根后壅土使坨土和垄土密切接触,再点浇水。嫁接部位要高于垄面 3～5 厘米。下好滴灌管,去掉嫁接夹,栽完后覆地膜,在苗所在位置用刀片划开,放出苗,封好淹眼。也可采取先覆膜再栽苗的方法(如图3-6-10)。

定植后,为防猝倒病、枯萎病,可每穴浇入0.25千克绿亨1号或移栽灵或甲基托布津药液,然后再封定植穴口。

图3-6-10 定 植

(五)定植后的田间管理

1.温度管理 定植后将温室密闭保温,促进发根。缓苗后,白天保持25～30 ℃,开花结果期白天27～28 ℃,夜晚15～18 ℃,这一时期还要注意通风换气。土壤温度在15 ℃以上,以22 ℃左右最好。

2.光照管理 一定要保持棚膜清洁,增加透光度,每隔3～4天就要对棚膜用拖布拖1遍,有条件的还要挂反光膜。

3.肥水管理 灌水最好采用滴灌。定植后7～10天浇一次缓苗水,进入蹲苗促根阶段。冬春季节不浇明水,土壤相对湿度控制在60%～70%。定植到门茄坐果前以"蹲苗"为主,原则上不浇水。控水蹲苗以后要一直保持土壤湿润,深冬季节7～10天浇一次水,气温回升后4～6天浇一次水。当有85%以上的门茄开始坐果,即门茄"瞪眼"时(果实拇指大小时),直径5～6厘米,灌第一水,并随水每亩追施尿素15千克、硫酸钾10千克。"对茄"开始坐果时第二次灌水追肥,追肥数量同第一次,以后每7～10天灌一次水,每10～15天追一次肥。结果盛期要侧重于氮肥的施用,以后每灌两次水随水追一次肥,每次每亩追尿素10～15千克或硫酸铵15～20千克或磷酸二铵10千克或硫酸钾10千克,几种肥料轮流追施。追肥、灌水主要看植株的生长状况来决定。

4.保花保果 茄子的花有长柱花、中柱花、短柱花之分。长柱花容易受精坐果,而中、短柱花不容易坐果。在营养条件好时长柱花多,中、短柱花少。所以促进坐果最根本的方法是提高管理水平,使秧苗长得壮实。为防止茄子落花、落果,促进果实迅速膨大,需对茄花进行生长素处理,一般在花朵开放一半时,在晴天的上午用毛笔将丰产剂2号、防落素或2,4-D配成的药液(浓度30～40毫克/千克)进行蘸花(如图3-6-11)。蘸花时务必使萼片、花梗充分蘸到药液。在蘸花药剂中添加红色颜料,可起到标记作用,不可重复蘸花。其次为防灰霉病,可在蘸花药剂中加入速克灵或保果宁二号等药剂。

图 3-6-11　蘸　花

5.整枝吊秧　由于嫁接茄子生长势强,生长期长,需及时整枝,改善通风、透光状况。

茄子分枝为假二叉分枝,每次分枝产生一个(或多个)茄子,依产生顺序,分别叫做门茄、对茄、四母斗、八面风、满天星。温室栽培多采用双杆整枝方式,即从第二次分枝开始(即对茄出现时),每次分枝后将未坐茄子的一个枝去掉,形成双杆整枝,也可采取三杆或四枝整枝方法。

在对茄收获后,要及时吊秧。方法是在垄的上方拉一道铁丝,然后将吊线上端按株距系在铁丝上,下端系在对生枝上,随着植株的生长不断地往上缠绕(如图 3-6-12)。同时,在整个生长过程中,及时摘掉老叶、病叶,除掉砧木上萌发的侧芽,改善透光、通风条件,以利防病、减少养分消耗。

茄子嫁接苗定植后,砧木的生长势强,会萌发新的侧枝,应及时除去,防止养分消耗,在生长期要进行抹芽和绕秧(如图 3-6-13、图 3-6-14)。

图 3-6-12　吊　秧

图 3-6-13　抹　芽

图 3-6-14　绕　秧

（六）适时采收

采收不可过早或过晚,果实达到商品成熟度时要及时采收,保证果实的商品性。一般情况下,茄子从开花到瞪眼需要 8～12 天,瞪眼到采收需要 12～13 天,开花后的 20～30 天即可收获。门茄要适当早采,防止坠秧。

七、辣椒栽培管理技术

（一）品种选择

品种选择既要考虑生产环境特点,又要考虑销售区的市场需求。要选择生育期长、耐低温、耐弱光、连续坐果能力强、抗病、产量高的品种。结合辣椒消费习惯,栽培多以羊角椒为主。目前生产上栽培较广泛的辣椒有陇椒 2 号、陇椒 3 号、陇椒 5 号等品种。

1.陇椒 2 号　甘肃省农业科学院蔬菜所选育的早熟一代杂种。早熟、生长势强,株幅 70 厘米。果实羊角形,果形美观,果长 25 厘米,果宽 3 厘米,单果重 35～40 克。果面皱,果色绿,味辣,品质好,维生素 C 含量为 158 毫克/100 克鲜重,果实商品性好,抗病毒病,耐疫病。一般亩产 4000 千克。适宜于西北地区日光温室及塑料大棚冬春茬和露地栽培（如图 3-7-1）。

图 3-7-1　陇椒 2 号

2.陇椒 3 号　早熟一代杂种,熟性比陇椒 2 号早 7～10 天,生长势中等,果实羊角形,绿色,果长 24 厘米,果肩宽 2.5 厘米,单果重 35 克,果面皱,果实商品性好,品质好。一般亩产 3500～4000 千克,比陇椒 2 号高 15%～20%。抗病性强,经甘肃省农业科学院植保所苗期人工抗疫病鉴定及日光温室田间表现,陇椒 3 号对疫病的抗性较陇椒 2 号强。适宜西北地区保护地和露地栽培。

3.陇椒 5 号　早熟,播种至始花期 93 天,播种至青果始收期 132 天。生长势中等,株高 78 厘米,株幅 67 厘米,单株结果数 28 个,果形羊角形,长 25 厘米、宽 2.7 厘米,肉厚 0.23 厘米,单果重 35～40 克,果色绿,果面皱,味辣,维生素 C 含量 12.3%。中抗辣椒疫病。

（二）茬口安排

日光温室辣椒生产茬口为秋冬茬、越冬茬和早春茬（如图3-7-2至图3-7-4），其中以越冬茬和早春茬为主。秋冬茬8月中旬播种，9月下旬定植，11月上中旬开始采收，越冬茬7月上旬育苗；早春茬10—11月育苗，翌年2—3月定植，4月开始采收（见表3-7-1）。

图 3-7-2　秋冬茬（8月中旬—翌年3月）

图 3-7-3　越冬茬（7月上旬—翌年7月上旬）

图 3-7-4　早春茬（11月下旬—7月末）

表3-7-1　辣椒周年生产基本茬次

茬　　次	播种期	定植期	产品供应期
日光温室越冬茬	7月初至9月初	10下旬至11月上中旬	12下旬至7月上旬
日光温室早春茬	10月下旬至11月下旬	2月下旬至3月上旬	3月中下旬至7月末
塑料大棚早春栽培	12月下旬至翌年1月上中旬育苗	3月下旬至4月上旬	5月下旬至9月上旬

（三）育苗

1.苗床准备　床土选用未种过蔬菜的肥沃耕作土和优质腐熟农家肥，过筛后按7:3比例混匀。每亩需苗床20平方米。每平方米苗床用68%金雷水分散粒剂5～10克或50%多菌灵可湿性粉剂8克兑细土拌匀，2/3药土撒在苗床面上，1/3

覆盖在种子上面。每平方米苗床也可用 30～50 毫升福尔马林兑水 3 升进行消毒,用塑料薄膜闷盖 3 天后即可。

2.种子处理 用 55 ℃ 温水浸种 15 分钟,并不断搅拌,水温降到 30 ℃ 左右时,浸泡 6～7 小时,杀死大部分真菌;用新植霉素 200 毫克/升浸种 3 小时,可防治细菌性病害;用 10%磷酸三钠浸种 20 分钟,可防治病毒病。

3.浸种催芽 消毒后的种子在清水中浸泡 8～12 小时后捞出洗净,在 25～30 ℃条件下催芽。催芽最好进行变温处理,即一天中适温 25～30 ℃ 占 16～18 小时,低温 16～20 ℃ 占 6～8 小时,或者 30 ℃ 8 小时,20 ℃ 16 小时。每天早晚将种子连袋用水淘洗翻动一次。经 5～6 天后见少数种子刚刚露白时就播种。若此时播种准备工作尚未做好或遇恶劣天气,可将催芽盆移到 13～16 ℃ 冷处进行"蹲芽"。

4.播种 每亩用种量 150～200 克。催芽种子 70%～80%露白时或将种子消毒后进行播种,播后覆营养土,盖膜。

5.苗期管理 播种后,温度控制在白天 25～30 ℃,夜间 18～20 ℃;出苗后,白天 20～25 ℃,夜间 13～18 ℃;定植前 7 天,白天 18～23 ℃,夜间 10～18 ℃。苗期一般不浇水,若遇土壤干旱缺水,则采用喷水方法增加湿度。当辣椒子叶展平后,每穴或每钵间留双苗,间苗后覆土护根。幼苗生长不同阶段温度管理指标见表 3-7-2。

表 3-7-2 幼苗生长不同阶段温度管理指标

时 期	日温(℃)	夜温(℃)
播种至齐苗	28～35	18～20
齐苗至顶心	20～25	12～15
顶心至分苗	20～30	17～20
定植前	18～20	10～15

(四)定植前准备

1.整地施肥 定植前 10～15 天扣棚,提高地温。整地施肥,每亩施腐熟农家肥 5000～10000 千克、油渣 200 千克、磷酸二铵 20 千克。2/3 的农家肥撒施,经过浅耕使肥料和土壤混匀;其余 1/3 农家肥定植沟集中深施,深翻细耙,使肥料和土壤充分混合。按照垄宽 80 厘米(中央开 15 厘米深的灌水暗沟)、沟宽 50 厘米、沟深 20～25 厘米起垄。

2.棚室消毒　定植前 7～10 天,每亩温室用 2～3 千克硫黄粉加锯末进行熏蒸消毒,或每平方米空间用 75%达科宁(百菌清)可湿性粉剂 1 克加 80%敌敌畏乳油 0.1 克与锯末混匀后熏蒸一昼夜。每亩温室可用 50%多菌灵可湿性粉剂或 70%甲基托布津可湿性粉剂 2 千克与干土拌匀后撒入土壤中进行消毒。

(五)定植

1.定植时间　辣椒苗 5～6 片真叶、日历苗龄一般来说冬前(8—9月)育苗苗龄 50～60 天,深冬(12月)育苗苗龄 70～80 天时进行定植(如图 3-7-5)。

图 3-7-5　定　植

2.定植方法　宽窄行栽培,宽行 70 厘米,窄行 50 厘米;株距 40～45 厘米,每亩定植 2500～2600 穴,每穴双株。

(六)定植后的管理

1.温度管理　缓苗期,白天 28～30 ℃,夜间 18～20 ℃;开花坐果期,白天 25～30 ℃,夜间 15 ℃以上;结果期,白天 25～30 ℃,夜间 15 ℃以上。

2.光照管理　保持棚膜干净,加挂反光膜。

3.水肥管理　定植时浇定苗水,定植后浇缓苗水,此后一般不再浇水,门椒坐住后开始浇水。施肥的原则:重施基肥,多施有机肥,增施磷、钾肥,前期侧重氮肥,盛果期保证氮、磷、钾的供应。定植时,定植水一定要浇足,一般坐果前不需再浇水。如缓苗后发现土壤水分不足,在膜下暗沟中灌水,水量不宜过大,灌完水把垄端盖严,进入蹲苗期。当门椒长到 3 厘米左右时,可结合浇水进行第一次追肥,每亩施磷酸二铵 25 千克、尿素 7 千克。进入盛果期 7～10 天浇一次水,结合浇水进行追肥。每亩追施磷酸二铵 15 千克、硫酸钾 10 千克。

4.植株调整　门椒开花前,用尼龙绳或塑料绳进行吊秧,以防倒伏;剪去生长重叠的弱枝及徒长枝,以利通风、透光;及时清除门椒以下发生的腋芽,及时摘除老叶、病叶(如图 3-7-6 至图 3-7-9)。

图 3-7-6 吊 秧

图 3-7-7 整 枝

图 3-7-8 疏除门椒以下侧枝

图 3-7-9 黄板诱杀害虫

(七)采收

门椒应适当早采收以免坠秧影响植株生长。此后原则上是果实充分膨大、果肉变硬、果皮发亮后采收,可根据市场价格灵活掌握。采收时用剪刀或小刀从果柄与植株连接节处剪切(如图 3-7-10),不可用手扭断,以免损伤植株。摘下后轻拿轻放,按大小分类包装出售。

图 3-7-10 采 收

八、人参果栽培管理技术

(一)生物学特征

人参果是原产于南美洲安第斯山脉北麓的一种植物果实,其原名为"茄瓜",在我国曾一度称之为金参果、长寿果等,是一种具蔬菜、水果及观赏等多种功能的草本植物。人参果果肉多汁、淡雅清香、风味独特,具有高蛋白、低糖、低脂、富含维生素 C 以及多种人体所必需的微量元素等特点,尤其是硒、钙的含量大大高于其他水果和蔬菜,因此人参果被称为"生命的火种"和"抗癌之王"。

1.形态特征　属多年生草本茄科植物,株高 1～2 米,冠径 60 厘米,寿命 8 年左右。果实呈金黄色, 单株全年挂果 20～30 个, 最高可达 40 个以上, 单果重200～500 克,成熟的果可挂在枝上 3～4 个月不落果。

2.生长条件　5 ℃ 以上可正常生长,在 15～28 ℃ 条件下可连续开花结果,故在大棚内四季挂果。

(二)品种选择

1.长丽　成熟果实表皮为浅黄色,紫色条纹明显,抗性较强,坐果率高,果实大,平均单果重 180 克左右,最大可达 500 克,果实形状为长椭圆形(如图3-8-1)。

图 3-8-1　长　丽

2.大紫　成熟果实紫色条斑较多,部分果实几乎全为紫色,叶片大,抗寒性较强,平均单果重 170 克左右,果实形状为长桃形(如图 3-8-2)。

图 3-8-2　大　紫

3.阿斯卡　成熟果实以浅黄色为主,紫色条纹较浅,植株生长势强,茎秆粗壮,平均单果重 160 克左右,果实形状为桃形(如图 3-8-3)。

(三)茬口安排

1.秋冬茬栽培　6—7 月育苗,8—9月定植,10—11 月开花结果, 翌年 1 月

图 3-8-3　阿斯卡

开始采收(如图 3-8-4)。

2.冬春茬栽培　11—12 月育苗,翌年 1—2 月定植,3—4 月开花结果,6 月份开始采收(如图 3-8-5)。

图 3-8-4　秋冬茬　　　　　　　　图 3-8-5　冬春茬

(四)育苗

1.整地做畦　苗床选在排水良好且 2~3 年未种植茄科作物的大棚内。苗床宽 1.2~1.5 米、高 10 厘米。用未种植茄科作物的肥沃土壤与腐熟的有机肥按 7∶3 的比例掺匀过筛,均匀撒于苗床上,并用 40%多菌灵可湿性粉剂 400 倍进行土壤消毒。浇透畦面,扣棚提升地温。

2.扦插繁殖　人参果以无性繁殖为主,其中以苗床扦插方法最为简易。选择无病害、生长势强的枝条做母枝,剪枝长 10~12 厘米,带 2 叶 1 心扦插,入土 5~6 厘米,株行距为 10 厘米×10 厘米。扦插后保持苗床湿润,适时浇水,10~15 天即可生根。秋冬茬栽培由于气温较高,幼苗生长较快,经 30~35 天即可移栽。冬春茬栽培气温较低,育苗时间相对较长,经 35~40 天可移栽定植。

(五)定植前准备

1.整地施肥　定植前必须深翻 1~2 次,使耕作层为 25~30 厘米,熟化土层 30~50 厘米,挖取漏沙、沙砾、黏重僵板层,对黏重的土壤采取压沙、掺沙措施改良其质地并施入有机肥料,使土壤固、气、液三相比例协调,利于作物根系生长。每亩施优质腐熟农家肥 8000~10000 千克,将一半基肥均匀撒于地面,深翻混匀后,按预定垄面大小,开好定植沟,将另一半基肥施入沟内。尿素 20~30 千克、磷酸二铵 40~50 千克、硫酸钾 20 千克、过磷酸钙 100千克。

2.棚室消毒　定植前 7~10 天,每亩温室用 2~3 千克硫黄粉加锯末进行熏蒸消毒，或每平方米空间用75%百菌清粉剂1克加80%敌敌畏乳油1克与锯末混匀后熏蒸一昼夜。

(六)定植技术

1.定植时间　温室地温稳定在12℃左右进行定植。选择连续晴天上午进行，这样有利于促进作物发根，提高成活率。

2.定植方法　南北向起垄，垄宽70厘米、沟宽50厘米、沟深25厘米，垄面铺设两条滴灌带，南北向用地膜覆盖垄面。采用宽窄行定植，宽行70厘米，窄行50厘米，株距25～30厘米。相邻两行采用三角形交错定植。每亩留苗3500～3800株。

(七)定植后管理

1.温湿度管理　定植初期，白天温度保持25～27℃，夜间10℃以上。人参果生长适宜的相对空气湿度为60%～70%，当棚内温度超过28℃、湿度超过80%时，要及时通风换气，降温排湿。光照太强、温度太高的8—9月用遮阳网或放花帘遮阴。在气温最低的12月至翌年2月，要加强保温措施，在后墙张挂反光膜改善光照提高温度，上午9时左右揭帘，下午4时左右盖帘(如图3-8-6)。4月以后气温开始回升，应逐渐加大放风量，延长放风时间。

图3-8-6　室内围帘保温

2.肥水管理　坐果前尽量保持苗体稳健生长，防止徒长。

当第一果穗果实长到核桃大小时开始追肥，以促进果实膨大。采用水肥一体化技术每亩每次施尿素3千克；每穗果实膨大期每亩每次人工穴施磷酸二铵7.5千克、硫酸钾4千克。水分管理，定植后3～5天浇一次缓苗水，1月后进入开花坐果期开始灌水，每亩每次灌水16立方米，之后视土壤墒情10～15天灌一次水。若用滴灌时，取适量肥料先行溶化，滴灌运行20分钟左右，把已溶化的肥料加入施肥罐随水滴入作物根系周围。建议60米标准棚每次施用劲霸冲施2.5～3千克，黄金生物源番茄专用肥每次2～2.5千克，金久丰奶肥每次2千克，作物确需补钾时，60米标准棚每次施智利硝酸钾1～2千克。有条件时，每到下一果穗果实膨大期，每亩开沟追施腐熟羊粪和油渣1000公斤左右(如图 3-8-7)。

3.植株调整 人参果生长势强,萌
芽力强、成枝率高,抹芽是获得高产、稳
产的重要环节。一般当腋芽抽出 5～7
厘米时及时抹掉。人参果采用单杆整枝
法,以主枝结果,侧枝全部去除。株高
30～40 厘米时吊蔓,以后随着秧蔓的伸
长,将秧蔓吊在绳上。第三果穗采收结
束后开始落蔓,并追施农家肥,将秧蔓
盘成环形埋于定植沟内,待长出新根后
(45 天左右)剪去地上环形部分枝条(如
图 3-8-8 至图 3-8-12)。

图 3-8-7 沟内羊粪上面覆麦草

图 3-8-8 抹芽

图 3-8-9 掐枝

图 3-8-11 吊蔓

图 3-8-10 单杆整枝

图 3-8-12 落蔓

图 3-8-13 蘸 花

4.疏花疏果 人参果的一个花序通常情况下由 8～20 朵小花组成，选留先开放的 4～5 朵花，其余的全部疏除。人参果易落花、落果，需要人工辅助授粉。通常用防落素，具体方法：用 1%防落素水剂 2 毫升，兑清水 1 千克配制成药液，用家庭养花喷雾器喷雾，一个花序喷射 1 次（如图 3-8-13）。当果实坐稳后选留果型整齐的大果，疏除小果、畸形果、病果。初果期一个花序保留 1～2 枚果，盛果期 3～4 枚果。

（八）采收

人参果的果实为浅绿色，当果实膨大到一定程度，表面出现紫色条纹时，果实已达七八分熟，各种营养成分含量达到了最高水平，若长距离运输和做菜熟食，此时可以采收，做水果生食，则需要完全成熟。完全成熟时，果皮金黄色，并有紫色条纹，适时采收有利于上部开花结果。采收时戴上手套，轻轻托起果实，用剪刀剪下，按大小进行分级，每个果实套上包装网，装箱。

九、西葫芦栽培管理技术

（一）品种选择

选择耐低温弱光、优质、抗病、丰产的法国冬玉（如图 3-9-1）、改良千手等品种。

图 3-9-1 冬 玉

（二）茬口安排

日光温室西葫芦种植，一般根据市场需求，分秋冬茬和早春茬两种种植茬口。

1.秋冬茬 8月上旬直播，9月下旬采收，翌年2月下旬拉秧（如图3-9-2）。

2.早春茬 12月中旬播种，1月下旬定植，3月上旬采收，6月下旬拉秧（如图3-9-3）。

图3-9-2 秋冬茬(8月上旬—翌年2月下旬)　图3-9-3 早春茬(12月中旬—翌年6月下旬)

（三）育苗

1.营养土或基质的准备 选用未种过蔬菜的肥沃耕作土和优质腐熟农家肥，过筛后按7∶3的比例混匀作为营养土，采用营养钵育苗。每立方米营养土加多菌灵100克、辛硫磷50克杀菌、杀虫。也可采用穴盘基质育苗，方法同上。用塑料薄膜闷盖3天后即可。

2.种子处理 种子在55℃热水中浸泡15分钟，主要防治真菌病害。先用清水浸泡3～4小时，再用10%磷酸三钠溶液浸泡30～40分钟，捞出洗净，主要防治病毒病。包衣种子直接播种。

3.播种及播后管理 一般采用直播育苗的方法，将种子平放在装好营养土的营养钵正中间，每个钵放1粒种子，上覆1～1.5厘米厚的细沙土，覆后浇水覆膜。苗出土前白天保持25～30℃，夜晚15～20℃，待有幼苗顶土时揭掉膜。此后白天保持23～25℃，夜晚12～15℃。也可采用嫁接育苗，砧木选用黑籽南瓜，接穗比砧木早播2～3天。当砧木苗2片子叶展开而真叶未露，接穗苗第一片真叶刚刚展开时为嫁接的最佳时间，嫁接采用靠接法。

（四）定植前的准备

1.整地施肥 60米标准棚施优质腐熟农家肥10000千克、磷肥100千克、尿素15千克、磷酸二铵30千克、硫酸钾20千克。通过深翻细耙，使肥料和土壤充分混合。

图 3-9-4　整好的定植沟

然后按 1.6 米开沟起垄(如图 3-9-4)。

2.棚室消毒杀虫　定植前 7～10 天,用 2～3 千克硫黄粉加锯末进行熏蒸消毒;结合播前整地用 50%多菌灵可湿性粉剂或 50%甲基托布津可湿性粉剂 2 千克,与干土拌匀后撒入土壤中进行消毒;为防苗期虫害,亦可棚施辛硫磷 0.5 千克进行土壤处理。

(五)定植技术

1.定植时期　幼苗长至 2～3 片真叶时即日历苗龄 18 天时就可进行定植。

2.定植方法及密度　采用宽窄行定植,宽行 100 厘米,窄行 60 厘米,株距 60 厘米,60 米标准棚保苗 730 株左右(如图 3-9-5)。

图 3-9-5　起垄规格

(六)田间管理

1.空秧管理　定植缓苗后 3 叶 1 心至 10 叶期出现幼瓜为空秧生长阶段。管理重点以"控"为主,控温、控水蹲苗,压秧促根,白天温度 20～25 ℃,夜间 12～15 ℃,促使幼苗先扎根,后长秧。

2.冬前管理　此期以"调"为主,调理植株由长秧进入长瓜。从 12 月初开始,瓜秧 10～11 片叶开始结瓜,头瓜宜疏去或早收,避免坠秧。温度白天控制在 23～25 ℃,夜间 12～15 ℃,草帘早拉晚放,延长光照(如图 3-9-6)。采收初期以摘 5～6 两重瓜为宜,防止瓜大坠秧。注重疏瓜,冬季同时留瓜不能多于 4 个,保护生长点和幼瓜每天都有生长量。

3.深冬管理　1 月初至 2 月末气温最低,光照最弱,瓜秧生长进入最困难阶段,管理重点以"促"为主,促使植株增加供应幼瓜养分的能力,主要措施为保温、疏瓜、施叶面肥;白天 25～28 ℃,晚上 12 ℃左右。草帘晚拉早放,减少灌水量,增加施肥量。多疏瓜,减轻瓜秧负担,避免出现短瓜、弯瓜、大头瓜。

4.开春管理　进入 3 月气温增高,光照增强,管理以"坠"为主,白天温度 20～25 ℃,夜间 10～12 ℃。适当增加浇水次数,并随水冲肥,单株留瓜 4～5 个,以瓜

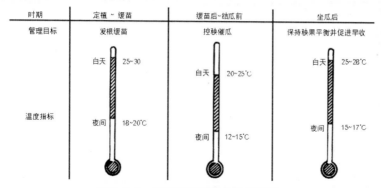

时期	定植～缓苗	缓苗后～结瓜前	坐瓜后
管理目标	发根缓苗	控秧催瓜	保持秧果平衡并促进早收
温度指标	白天 25~30 夜间 18~20℃	白天 20~25℃ 夜间 12~15℃	白天 25~28℃ 夜间 15~17℃

图 3-9-6　西葫芦定植后的温度管理

坠秧,一天一摘瓜,两天一抹瓜,三天一盘头,若有徒长现象,可适量喷施调节剂。

5.环境调控　保持棚膜干净,有条件的在室内张挂反光膜,阴雪天注意利用散射光;空气湿度缓苗期为80%～90%,开花坐果、结果期为45%～55%。

6.水肥管理　定植时浇定植水,3～5天后浇苗水。根瓜坐住后开始浇水施肥,一般10～15天一次,每次每棚追施尿素8千克、硫酸钾10千克。

7.植株调整　西葫芦幼苗长至25～30厘米时,应及时用尼龙绳或塑料绳进行吊蔓。龙头到吊蔓线时及时落蔓。可用蕃茄灵药液蘸花,及时摘除侧芽、老叶、黄叶,以利通风、透光(如图3-9-7至图3-9-11)。

图 3-9-7　吊　蔓

图 3-9-8　蘸　花

图 3-9-9　绕　蔓

图 3-9-10　掐卷须

图 3-9-11　打老、病叶

图 3-9-12　采　收

(七)采收

根瓜 100～150 克时及时采收,促进后期果实膨大。后期果实单瓜长至350～450 克时进行采收(如图 3-9-12)。

十、叶菜类栽培管理技术

日光温室栽培叶菜可以达到避免冻害、促进生长、提高产量、延长供应以及反季节上市的目的,经济效益较好。适宜日光温室栽培的叶菜类品种主要有白菜类、韭菜、芹菜等,现就主要叶菜类栽培管理技术介绍如下。

(一)白菜类

白菜类蔬菜包括小白菜(油白菜)、大白菜和甘蓝等,是消费者喜食的主要蔬菜。尤其油白菜植株矮小,生育期短,耐寒力强,管理简单,产量较高,在日光温室随时可以种植生产,具有较高的经济效益。

1.整地施肥　每亩温室施入优质腐熟农家肥 5000～6000 千克、过磷酸钙 50 千克、磷酸二铵 20～30 千克、尿素 20～25 千克、硫酸钾 20 千克,均匀撒施于地表,然后耕翻均匀,耕深 30 厘米左右。

2.播种　白菜类蔬菜生长较快,多采用直播。播种方法有平畦直播和高垄直播两种。平畦栽培先做成畦宽 2 米左右的畦田,然后在畦田内直播;高垄栽培时一般垄高 15～20 厘米、沟宽 40～50 厘米、垄面宽 70～80 厘米,每垄播 2 行,三角形播种,适宜大白菜栽培。

3.田间管理

(1)间苗、定苗　白菜出苗后,由于温室温度高,幼苗生长快,如不及时定苗,极易发生徒长而影响后期生长发育。间苗在幼苗长出 1～2 片真叶时进行,间去生长过密和细弱的幼苗。在幼苗长到 9～11 片真叶时进行定苗。

(2)中耕松土　日光温室湿度大、温度高,土壤容易板结,要及时中耕松土。一般要中耕 3 次,第一次在间苗后浅锄,深约 3 厘米。第二次在定苗后,深 5～6 厘米。第三次在封垄以前浅锄一次,深 3 厘米左右。

(3)追肥灌水　白菜类蔬菜的根系浅生于表土层,但生长速度快,对水分和肥料的要求十分严格,若水肥不足,直接影响到产量和品质,因此生长期间应供给充足的水肥。在基肥充足的条件下,追肥多以速效氮肥为主。灌水要做到轻浇勤浇,并与追肥结合进行。

(4)病虫害防治　白菜类蔬菜的主要病害有软腐病、病毒病、霜霉病、黑腐病、黑斑病等;虫害有根蛆、菜蚜、菜青虫等。防治除在播种前进行土壤消毒杀虫外,在白菜生长期要及时采取农业和化学措施进行防治,如防止大水漫灌、加强田间管理、及时拔除中心病株、喷施化学农药防治等。

4.采收　小白菜出苗后 30～50 天即可收获,可根据市场需要陆续收获,也可一次性收完。大白菜当外叶叶色开始变淡,基部外叶发黄,叶簇由旺盛生长转向闭合生长时,植株已充分长大,产量最高,应及时采收,也可根据市场行情随时采收销售。

(二)韭菜

属多年生宿根性蔬菜,抗寒耐热,适应性强,适宜日光温室种植。

1.播种与育苗　韭菜种子发芽慢,幼苗期长,一般采用育苗后移栽,也可采用直播。播种分干播和湿播两种。干播法就是整平畦后先播种再覆沙或土,然后灌水;湿播法就是在整平地后灌足底水,待水渗完后播种,然后分两次覆盖细沙土。韭菜出苗后要掌握前期促苗后期蹲苗的原则,在前期灌水要小水勤浇,保持畦面湿润,促进叶片和根的生长,当苗长到15厘米高时控制灌水,进行蹲苗促进根系的生长。

2.定植　定植时间根据育苗时间和植株大小而定,一般在植株高18~20厘米时进行,此时叶面积大,贮存养分多,利于韭菜发根。定植深度以刚埋住叶鞘为宜,过深影响分蘖,过浅易散撮倒伏。定植密度为行距18~20厘米,穴距10~12厘米,穴栽7~10株。直播行距20厘米。

3.田间管理　定植后要及时浇水,促进根系恢复生长和叶片的发生,以后要进行中耕松土,以利保墒增温。韭菜生长的最适温度为12~24℃,空气相对湿度70%左右,超过时要及时通风排湿降温。生育期间清除枯叶,加强水肥管理。韭菜根系具有分蘖和跳根现象,在韭菜定植当年要减少收割,以养根为主,以后收获时,每割一茬要及时追肥、灌水、培土,以满足韭菜软化叶鞘和跳根的需要。

(三)芹菜

1.整地施肥　每亩温室施入优质腐熟农家肥5000~6000千克、过磷酸钙50千克、磷酸二铵25千克、尿素15~20千克、硫酸钾20千克,播种前均匀撒施于地表,经耕翻使肥料和土壤充分混匀,然后将地整成宽1.5~1.8米的平畦。

2.选种高产优质品种　可选种丰产性较好的美国实芹或意大利冬芹,也可种实秆绿芹。

3.适期直播　日光温室芹菜栽培一般采用直播。直播不伤根系,没有缓苗期,以后根系强大,吸收能力强,肥水利用充分,有利于地上部旺盛生长,促进产量提高。播种时间根据生产和上市时间确定。

4.田间管理

(1)生长期管理　在芹菜幼苗长到3片真叶时间苗、定苗,并及时中耕除草。5片真叶时开始浇水,经常保持地面湿润,在叶柄10厘米长时开始追肥,每亩追尿素10千克左右。每次追肥后要及时浇水,以利植株对肥料的吸收利用,促进生长。当叶柄长到40厘米左右时,可根据市场行情开始收获。

(2)环境管理　芹菜属较耐寒、喜冷凉而不耐炎热的蔬菜,种子在4℃时开始发芽,营养生长适宜温度15~20℃,在空气干燥、温度高于20℃时生长不良,超过30℃叶片发黄,幼苗能耐-4~-5℃低温。在芹菜播种初期,要注意通风换气,生育期间,棚内白天温度保持在15~20℃,夜间5℃以上。芹菜为喜湿作物,在栽培过程中,应保持地面湿润。芹菜对光照要求不严,适当的弱光有利于芹菜生长,每天光照时间保持在6~9小时即可。

5.收获　芹菜的叶柄再生能力强,采用擗收或割收的方法,以促进产量的提高。擗收时每次每株擗 3～4 叶,擗收后及时施肥、浇水;割收时应留茬 3～5 厘米,割后及时施用优质农家肥,施肥后及时浇水。

十一、沙葱栽培管理技术

沙葱是沙漠地区常见的一种野生稀有植物。其叶片鲜嫩多汁,营养丰富、风味独特,无论凉拌、炒食、做馅、调味、腌制均为不可多得的美味,属纯天然绿色保健食品。沙葱又称蒙古葱,百合科葱属,属多年生草本植物。茎叶针状,紫色小花,其叶、茎、花苞均具辛辣味,较其他生葱、韭菜味更浓。性属温,是野生蔬菜类人们喜食的一种天然食品 (如图 3-11-1)。

图 3-11-1　温室沙葱

沙葱在沙漠中降雨时生长迅速,干旱缺雨时停止生长,耐旱、抗逆性极强。利用日光温室进行反季节驯化栽培,省工省时、管理简单易行,病虫害少,产量高,能采收 4～5 茬,收入相当可观。

(一)选择适宜土壤及整地准备

沙葱人工驯化种植,最适宜土壤为土质深厚的沙性土壤。壤土也可种植,但需在表层拌入细沙(如图 3-11-2),每 50 米棚需 50 立方米细沙拌在表层,以浇水后不裂口为宜。如为黏土地,则需拌沙改良土壤,要将温室中原有土壤下挖 50 厘米,清出温室,再铺上 50 厘米厚的沙层。沙土要选用流动沙丘南面表层 10～20 厘米厚度范围内的沙土,白刺周围向阳表层的沙土为好。

图 3-11-2　拌　沙

(二)施足有机肥和基肥,奠定丰产基础

要在温室内施入充分腐熟的优质羊板粪或其他农家肥 2000 千克,深翻施入耕作层,30 厘米以内的沙土和有机肥要翻均匀。结合深翻整地,施入磷酸二铵 25

图 3-11-3　施用有机肥料

千克、硫酸钾复合肥 15 千克（如图 3-11-3）。

（三）浇足安种水，做小畦

种植地块经过整地和施肥后，要浇一次安种水，要浇足浇透。地面干后耙糖整平后，按南北向做 3 米宽的小畦田埂（如图 3-11-4）。

（四）播种

播种时间依种植季节而定。春季在 3 月下旬播种。夏季可在 5—6 月露地播种。秋季在 9 月份温室扣棚后播种。夏季播种时要加盖遮阳网，以防烫苗。播种可采用种子直播法。播前浇足水，待土壤墒情适宜，沙土用手捏指缝间无滴水现象，松开后湿润时即可播种。播

图 3-11-4　做小畦田埂

种深度 1～2 厘米，行距 25 厘米。用小锄头开沟播种。下种量每棚（50 米）为 2.5 千克。每行 20 克，均匀撒播在小沟内，用脚轻踏一遍，然后盖 1 厘米厚的细沙，以利出苗，随后浇一次水。以后地面表层干后，就浇 1～2 次浅水。播后 15～20 天即可出苗。沙葱顶土力弱，在顶土出苗期间，需保持土壤湿润松软，以保出全苗（如图 3-11-5、图 3-11-6）。

图 3-11-5　播　种

图 3-11-6　播种后盖细沙

（五）田间管理

1.中耕松土　沙葱出苗后，要及时清除沙葱行间的杂草，并进行中耕松土，以促进根系发达生长（如图3-11-7）。

图3-11-7　及时除草

2. 施肥　沙葱虽然耐瘠薄能力强，但人工驯化栽培沙葱旺盛生长时期养分需求量大，结合浇水要施入一定量的化肥。当沙葱长出3片叶时，追施化肥，每次施硝酸铵15千克、复合肥10千克（50米棚）。

3.浇水　温室内夏季每10～15天浇一次水，冬季15～20天浇一次水，浇水以沙土全部渗透为度。冬季水量不宜过多过大，否则会引起根层积水，造成沙葱沤根引起死亡。

图3-11-8　开启放风口

4.温度管理　沙葱出苗后要及时放风，白天室内温度保持26～28℃，晚上保持8～12℃。在初扣温室沙葱萌发前及每次收割后，为加速沙葱萌发生长，室温可提高到30℃左右。收割前室温应当降低，促使叶片生长粗壮。当室温达到25℃时，要及时放风，应先放顶风，逐渐加大放风口，严禁冷风直接吹入室内危害沙葱（如图3-11-8）。

5.病虫害防治　沙葱病虫害很少。害虫有根蛆和小地老虎幼虫，但对沙葱危害并不严重。

6.分期培沙　沙葱每收割2～3茬后，土壤可能出现板结而裂缝。应撒上一层2～5厘米厚的细沙，以增加土壤通透性，促进根系生长和植株分蘖。每次培沙厚度以不埋没沙葱叶分杈为宜。

7.休眠后扣棚　温室沙葱生产在4月底揭膜可进行露地生长，到秋季停止采收后，等进行一段低温阶段沙葱完成休眠后（也就是土壤冻层达到8～10厘米时），清扫室内枯黄干叶，施入优质农家肥50立方米、磷酸二铵15千克，浇足水后，于11月下旬扣棚开始进行扣棚管理,进入冬季生产阶段(如图 3-11-9、图 3-11-10)。

图 3-11-9　清扫室内枯叶

图 3-11-10　扣　棚

8.合理采收　沙葱出苗后第一茬 30 天左右即可收割。以后进入旺盛生长期后,每 15~20 天即可采收一次。采收时,使用锋利的小刀或剪子,从地面以上 1 厘米处也就是在分枝以上收割。由于沙葱特别鲜嫩,采收时严禁践踏植株。采收同时进行整理,去除黄叶、杂草、黄尖,整好扎把或用塑料袋包装好后,必须在 2 天之内出售上市(如图 3-11-11 至图 3-11-13)。

图 3-11-11　采　收

图 3-11-12　采收后整理包装

图 3-11-13　采收后及时清理落叶

采收后及时灌水施肥，注意通风，进入下一茬生产。

9.种子采收 选留的种子田(如图3-11-14)，对种子要进行分批采收。选择果实外皮黄色变干，花梗干枯的果实采收。采收后要充分晾晒，干好后进行筛选，去掉果皮和秕瘦种子，然后装入布袋进行低温保存。

图 3-11-14 沙葱种子生产田

第四章 日光温室病虫害防治技术

一、病害防治技术

(一)病害诊断识别

在日光温室蔬菜瓜果生产中,由于人工小气候环境特殊,加之多年的连茬、重茬种植及无节制的化肥、农药等投入,作物很容易出现发育不良、生长异常、病虫复杂等情况。要想做到对症开方、科学防治、有效控制,最重要的是把发生病害的症状识别正确、原因分析清楚。这一点是种植温室农户最关心、最想知道的。作物发生病害是由多种原因造成的。我们可采用分层排除法来诊断识别,首先考虑是否由土壤障碍、盐渍化、基肥烧根(如图4-1-1)、养分不足等导致;其次考虑是否由低温冷害、通风换气、高温强光烧灼(如图4-1-2)、闪苗等所致;第三考虑是否干旱缺水萎蔫、积水成涝沤根所致;第四考虑是否由人为施肥用药不当、机械损伤等所致;第五考虑是否由害虫为害所致。如果上述原因都排除了,即可基本判定是由病菌侵染造成的。

图4-1-1 粪施烧苗

图4-1-2 高温畸形

　　广义的病害是指因蔬菜所处的环境条件不适宜作物的生长,或由于病菌侵入作物体内致使正常的生长发育受到干扰和破坏所表现的异常现象。分为非侵染性(生理性)病害和侵染性(传染性)病害。

　　非侵染性病害是指因为蔬菜瓜果周围环境的温度、湿度、光照、空气、营养等条件不正常,超出了蔬菜耐受能力而诱发的病害。包括高低温障碍、缺素症、中毒症、旱涝害、盐碱害、药害等(如图4-1-3至图4-1-6)。发病部位没有霉、粉等病原物,且一旦发生即呈片状或整田发病。

图 4-1-3　辣椒日灼

图 4-1-4　黄瓜缺钾叶肉黄褐色

图 4-1-5　低温冻害

图 4-1-6　番茄药害

　　侵染性病害是由病菌侵染引起的蔬菜瓜果异常表现,其发病症状一般都有由点到面、由轻到重的发生蔓延过程。常见的有三种病害,即:

　　真菌病害——蔬菜瓜果遭受真菌侵染,植株发病部位生有霉、粉、点、菌核等病原物(如图4-1-7至图4-1-10)。

图4-1-7　粉(白粉)

图4-1-8　菌　核

图4-1-9　霉(霜霉)

图4-1-10　点(炭疽)

　　细菌病害——蔬菜瓜果发病后多表现组织解体腐烂,伴随菌脓溢出,有臭味,易造成穿孔(如图 4-1-11、图 4-1-12)。

图 4-1-11　菌　脓　　　　　　　　图 4-1-12　穿　孔

病毒病害——蔬菜瓜果受害后表现畸形、丛生、矮化、花叶、皱缩等,并有明显传染扩散现象(如图 4-1-13 至图 4-1-16)。

图 4-1-13　畸　形　　　　　　　　图 4-1-14　花　叶

 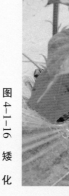

图 4-1-15　皱　缩　　　　　　　　图 4-1-16　矮　化

(二)非侵染病害识别与防治

1.沤根

(1)发病症状 沤根是蔬菜苗期常见的生理性病害。以早春发生为主,几乎所有菜苗均可发病,重病地块成片死苗。幼苗出土后,长期不发新根、不定根少或无,根表皮锈褐色、腐烂。病苗萎蔫,叶缘枯焦,渐死亡,易拔起(如图4-1-17、图4-1-18)。

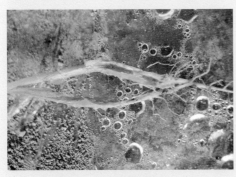

图4-1-17 沤根(黄瓜)　　　　　图4-1-18 沤根(辣椒)

(2)发病原因 沤根多为管理不当所致。地温低,土壤湿度大,土壤板结缺氧致根系不能正常生长,渐变红褐色腐烂,导致死亡。

(3)防治方法 增温、降湿是防治沤根的根本。勿大水漫灌,防止苗床过湿,控制地温在16℃左右,不要使苗床地温低于12℃。保持土壤疏松,以增加土壤通透性,改善菜苗生长环境。

2.热害

(1)发病症状 热害因作物种类、发生时期、受害温度高低、持续时间长短及所处环境的不同,症状表现不同。主要表现为萎蔫、烫伤、黄化、卷叶、落花落果、裂果等症状(如图4-1-19至4-1-22)。

图4-1-19 番茄高温卷叶　　　　　图4-1-20 番茄高温蕨叶

图 4-1-21　黄瓜高温烧伤

图 4-1-22　黄瓜水滴烫伤

(2)发病原因　高温热害是由于蔬菜作物所处的环境温度长时间超过了其正常生长所需的温度而受到伤害。通常当温度高于 30 ℃ 时,植株的呼吸消耗大于光合积累,造成营养状况恶化,叶色褪绿;温度高于 45 ℃ 时,植株的生理机能受到干扰,出现烫伤、坏死。

(3)防治方法

①遇高温时及时进行通风降温;当外界温度过高、光照过强时,可挂遮阳网、盖花草帘等遮阳降温,防止棚室内温度上升过高。

②棚室内温度过高、相对湿度低或土壤干燥时,可用清水喷雾或浇水降温增湿。

3.冷害

(1)发病症状　冷害也因作物种类、发生时期、受害温度高低、持续时间长短及环境不同,症状表现不同。通常当温度高于 0 ℃ 低于 10 ℃ 时,造成寒害,影响根系生长和花芽分化;低于 0 ℃ 时造成冻害,叶片即呈水渍状萎蔫,严重时整株枯死。冷害分为寒害和冻害(如图 4-1-23、图 4-1-24)。

图 4-1-23　人参果冻害

图 4-1-24　番茄冻害

　　(2)发病原因　低温冷害是由于蔬菜所处的环境温度长时间低于其正常生长所需的温度而受到伤害。

　　(3)防治方法

　　①加强苗期管理,进行低温锻炼、增强幼苗抗寒力。

　　②低温到来之前,采取加盖草帘、彩条布,架设电钨灯、火炉等措施保温增温(如图 4-1-25、图 4-1-26)。

图 4-1-25　架设电钨灯

图 4-1-26　增设火炉

　　③喷施抗寒剂。可选用 3.4%康凯 7500 倍液或每桶水 50 克红糖加 15 克磷酸二氢钾均匀喷雾,也可用 0.136%碧护 7500 倍液或海绿素 1000 倍液叶面喷雾预防、调治。

　　4.肥害

　　(1)发病症状　蔬菜作物因施用肥料种类不同、过量或缺少,常表现不同症状,如徒长、脱水、灼伤、萎蔫等,轻者造成减产,重者整株死亡。肥害包括中毒症和缺素症(如图 4-1-27 至图 4-1-29)。

　　(2)发生原因　中毒症是由于使用肥料过多或施肥方法不当而使蔬菜受到伤害,如施用未腐熟的鸡粪而遭受"氨害";缺素症是由于土壤中缺少某种元素或当某种养分施用过量时导致其他元素有效性降低而使作物受到伤害,如缺铁、缺锌使蔬菜叶片或果实白化、黄化、硬化。

　　(3)防治方法　根据作物需肥规律,增施充分腐熟的有机肥料、采用平衡施

图 4-1-27 黄瓜缺钾叶肉坏死

图 4-1-28 番茄缺锌上中叶片黄化

图 4-1-29 黄瓜磷
过剩造成褐色枯斑

肥、选择对路的化肥品种,深施、巧施肥料,掌握少量多次、及时灌水的原则,并及时通风换气。

(三)侵染性病害识别与防治

1.蔬菜苗期猝倒病

(1)发病症状 苗期发病,大多从幼苗茎的近地表处开始,初为水渍状小斑点,后病部变淡褐色,病斑迅速扩大绕茎一周,致茎部干枯、缢缩呈线状,叶片尚未萎蔫即折倒,故名猝倒;在高湿情况下,病苗近根际处长出白色絮状菌物(如图4-1-30、图4-1-31)。

图 4-1-30　番茄猝倒病　　　　　图 4-1-31　人参果猝倒病

（2）防治方法

苗床消毒　苗床土配好过筛后，用 72.2%普力克（霜霉威盐酸盐）500 倍液喷拌营养土，或每平方米苗床用 68%金雷（精甲霜灵·锰锌）5～7 克、50%多菌灵 8～10 克、50%福美双 8～10 克与细土混匀后，以 1/3 铺苗床，2/3 覆盖种子。

温汤浸种　以 55 ℃温水浸种 15～20 分钟。

药剂防治　在发病初期用 72.2%普力克 400～600 倍液加 70%安泰生（丙森锌）600 倍液、或 68%金雷 600 倍液加 75%达科宁（百菌清）600 倍液喷雾或浇灌苗床（每平方米用药液量 2～3 千克）；在移栽前可用上述药剂浸苗，也可于移栽后用上述药剂灌根（每株灌 200～250 毫升）。

2.蔬菜苗期立枯病

（1）发病症状　该病多发生在育苗后期，主要为害茎基部。病部初呈褐色椭圆形斑，逐渐凹陷，边缘明显，高湿时病部长出褐色轮纹或褐色稀疏的蛛丝状菌丝；病斑继续扩大绕茎一周，病部逐渐干枯，病苗直立死亡。该病与猝倒病的区别在于猝倒病植株尚未萎蔫即折倒，而立枯病植株即使萎蔫死亡但植株仍直立不倒。苗床温暖、高湿、播种过密、分苗不及时、幼苗徒长，均有利于立枯病的发生（如图 4-1-32、图 4-1-33）。

（2）防治方法

土壤和种子处理　土壤消毒同

图 4-1-32　茎基部病斑

图 4-1-33 田间萎蔫状

苗期猝倒病,也可用 40%拌种双,以种子质量的 0.2%拌种。

加强田间管理 注意通风排湿,严禁苗床积水。

药剂防治 同猝倒病。

3.黄瓜霜霉病

(1)发病症状 该病多发生在黄瓜成株期,主要危害叶片,病叶由下向上发展,叶片上初现浅绿色水浸状斑点,

扩大后受叶脉限制,病斑呈多角形,黄绿色,后为淡绿色,严重时病斑汇合成片,潮湿条件下病斑背面长出灰黑色霉层,严重时全株叶片枯死。高温高湿有利于该病的发生 (如图 4-1-34 至图 4-1-36)。

图 4-1-34 多角形病斑

图 4-1-35 水浸状斑点

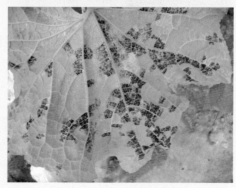

图 4-1-36 叶背霉层

(2)防治方法

选用抗病品种 可选用津优 2 号、津优 3 号、津优 5 号、津优 20 号、津优 30 号等品种。

减少和消灭菌源　收获后彻底清除温室内病株残体并深翻土壤;重病温室中换茬种植非寄主蔬菜;田间发现病株要及时拔除。

调控温湿度　实行四段变温(湿)管理。即上半天棚室温度 25～30 ℃ ,湿度30%～70%;下半天温度 25～30 ℃ ,湿度 65%～90%;前半夜温度 20～15 ℃ ,湿度 95%～100%;后半夜温度 15～10 ℃ ,湿度 95%～100%,可有效控制黄瓜霜霉病、灰霉病及菌核病发生,能达到不用药防治的效果。

控制灌水　实行膜下小水暗灌或滴灌,严禁沟内大水漫灌;灌水宜在上午灌,温度高时可清晨灌,切忌傍晚灌水,阴雨天不宜灌水;定植后至结瓜前应适当控制灌水,防止幼苗徒长,结瓜期可适当增加灌水次数。

高温闷棚　选晴天早上或前一天灌水,然后关闭所有的通风口,使棚内黄瓜生长点处温度升到 44～45 ℃ ,持续 2 小时后,缓慢通风,使温度逐渐恢复到正常,5～10 天后可再闷棚一次。此方法是在采用各种措施不能有效控制黄瓜霜霉病等病害的情况下,所采取的一种"打死救活"的办法,一般情况下不宜采用。

药剂防治　优先采用粉尘法、烟熏法。烟熏可选用 45%百菌清烟剂每亩110～180 克,按 5～6 点均匀分布在温室内,傍晚用暗火点燃,闭棚过夜,次日早晨通风,隔 7 天熏 1 次,视病情连熏 3～4 次。喷雾要选择晴朗天气,发病前可选用70%安泰生 600 倍液或 75%达科宁 600 倍液等保护剂 10 天左右喷 1 次;发现中心病株时可选用 68.75%银法利 (氟菌·霜霉威)400～600 倍液, 或 52.5%抑快净(恶酮·霜脲氰)1200 倍液, 或 68%金雷 600～800 倍液, 或 64%杀毒矾(恶霜·锰锌)300 倍液, 或 25%阿米西达(嘧菌酯)1500 倍液, 或 72%杜邦克露(霜脲·锰锌)600 倍液, 或 72.2%普力克 400 倍液等交替喷雾,5～7 天 1 次。

4.黄瓜细菌性角斑病

(1)发病症状　黄瓜细菌性角斑病可侵染叶片、叶柄、茎、瓜条。苗期发病时,子叶上形成圆形和半圆形的褐色斑,稍凹陷,后期叶干枯;成株期叶片上初见水渍状圆形褪绿斑点,扩大后因受叶脉限制呈多角形褐色斑,外绕黄色晕圈。潮湿时,病斑背面溢出白色菌脓,干燥时病斑干裂,形成穿孔(孔洞)。茎和瓜条上的病斑干裂溃烂,严重时甚至烂到种子上,有臭味,干燥后呈乳白色,并留有裂痕。而黄瓜霜霉病主要危害叶片,在多角形病斑背面呈现黑色的霉状物,叶片上无黏液,同时病斑不穿孔(无孔洞)(如图 4-1-37、图 4-1-38)。

(2)防治方法

加强田间管理　与非瓜类作物实行 2～3 年的轮作;选择非黄瓜前茬地进行育苗;在基肥和追肥中注意加施偏碱性肥料,有控制病害发生的作用。

图 4-1-37　病斑后期易穿孔

图 4-1-38　多角形干枯病斑

　　种子消毒　用 50 ℃ 温水浸种 20 分钟,洗净后催芽播种;或用种子质量 0.3% 的 47%加瑞农(春雷·王铜)拌种。

　　药剂防治　发病初期用 72%农用硫酸链霉素 2000～2500 倍液,或 47%加瑞农(春雷·王铜)500 倍液,或 46.1%可杀得叁千(氢氧化铜)1500 倍液,每 7～10 天喷 1 次,连喷 2～3 次。

　　5.瓜类病毒病

　　(1)发病症状　一般先从上部嫩叶显症,幼叶呈现淡绿与浓绿相间的条纹,以后皱缩畸形;有的出现花叶,有的出现浓绿色隆起皱纹,凹凸不平,有的产生蕨叶、裂片,发病早的植株矮小或出现萎蔫。病株瓜条表面出现褪绿斑驳或畸形呈瘤状突起(如图 4-1-39 至图 4-1-41)。

图 4-1-39　皱缩(西葫芦)

图 4-1-40　花叶(西瓜)

图 4-1-41　病瓜(西葫芦)

(2)防治方法

农业防治　育苗时可用遮阳网降温、遮光;发现病株要及时拔除烧毁;施足有机肥,增施磷、钾肥,提高抗病力;适当多浇水,增加田间湿度。

药剂防治　控制蚜虫等传毒媒介可用25%阿克泰7500倍液或70%艾美乐(吡虫啉)7500倍液喷雾。发病初期可用0.136%碧护(赤·吲乙·芸)7500倍液喷雾提高抗病毒能力, 也可用40%克毒宝1000倍液、20%病毒A 500倍液或1.5%植病灵1000倍液喷雾救治。

6.瓜类炭疽病

(1)发病症状　该病在瓜类作物整个生育期内均可发生,以生长中、后期危害严重。叶片、叶柄、果实上均可发病。开始时出现水渍状圆形小斑点,扩大后病斑呈圆形、近圆形(黄瓜、甜瓜)或纺锤形(西瓜),淡红褐色(黄瓜、甜瓜)或黑褐色(西瓜),病斑边缘有黄色(黄瓜)或紫色(西瓜)晕圈,中央产生许多黑色小粒点,有时小粒点排列呈同心轮纹状,潮湿时小粒点上溢出粉红色黏质物,干燥时病斑易开裂穿孔(如图4-1-42、图4-1-43)。

图4-1-42　病　瓜

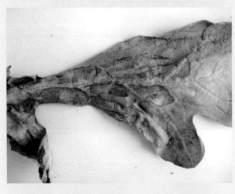

如图4-1-43　病　叶

(2)防治方法

种子处理　从无病株上选留健康种瓜采种。种子用55 ℃温水浸种15分钟,或用福尔马林100倍液浸种30分钟,或50%多菌灵500倍液浸种60分钟后播种。

苗床和棚室消毒　苗床消毒可用40%五氯硝基苯和50%多菌灵1∶1混合,按8克/米² 拌细土,1/3 做垫土,2/3 盖种;温室和大棚定植前可用1.5 千克/亩硫黄粉加锯末点燃,密闭熏蒸一夜(生长期间不宜用硫黄粉熏蒸)。

药剂防治　发病前可用50%安泰生600倍液喷雾预防,10天左右喷1次药发病初期可用75%拿敌稳(肟菌酯·戊唑醇)3000倍液,或32.5%阿米妙收(嘧菌酯·苯醚甲环唑)1500倍液,或30%特富灵(氟菌唑)2100倍液,或10%世高(苯醚甲环唑)800倍液喷雾救治,每7天喷1次药,连喷3～4次。

7.瓜类枯萎病

(1)发病症状 幼苗出土后,子叶萎蔫,真叶褪绿黄枯,幼茎腐烂仅留丝状纤维而死。苗期发病表现与猝倒病相近似的症状。但大量发病都在结瓜以后,枯萎病株常表现生长不良,植株矮化,叶小,色暗绿,并由下而上逐渐褪绿黄枯,以后全株或局部瓜蔓白天萎蔫,早晚恢复,5～6天后逐渐枯萎死亡;剖视病蔓,可见维管束变褐,有时根部也表现溃疡病状。潮湿时病蔓表面可出现白色菌丝层和粉红色霉层(如图4-1-44至图4-1-50)。

图4-1-44 白色和粉红色霉状物

图4-1-45 根部维管束变色

图4-1-46 根系腐烂

图4-1-47 琥珀色胶质物

图 4-1-48　茎部维管束变色(一)

图 4-1-49　茎部维管束变色(二)

图 4-1-50　缺水状萎蔫

(2)防治方法

农业防治　与非瓜类作物实行 3～4 年轮作种植;清洁田园,集中销毁病蔓、病叶、病瓜;实行深翻改土,减少土中菌源,创造根系发育的良好条件,增加抗病力;实行高垄种植,采用渗灌、滴灌,保证沟水畅通,使植株根际土壤通气良好,促进根系健壮;防止粪肥及水源带菌,扩大传播。

土壤处理　苗床及温室应换用新土或用 50%多菌灵、70%甲基托布津 (甲基硫菌灵)等每亩 1.5～3 千克,均匀施于苗床上,拌匀整平后播种。

种子处理　播前可用 55 ℃温水浸种 10～15 分钟;或用 2.5%适乐时 (咯菌腈)10 毫升兑水 70 毫升,对 3～4 千克的黄瓜种子进行包衣;或用 50%多菌灵 500 倍液浸种 1 小时,洗净后再催芽播种,可兼治炭疽病等其他病害。

化学防治　每亩可用 70%甲基托布津 0.8 千克或 10%多菌灵 4 千克,对细土 40～50 千克充分混匀,在定植时沟施。 中午发现个别植株初显症状时,可用 30%瑞苗清（甲霜·恶霉灵）1000 倍液加 70%甲基托布津 500 倍液，或 30%瑞苗清 1500 倍液加 2.5%适乐时 1500 倍液，或 62.5%亮盾（精甲·咯菌腈）1500 倍液加 70%甲基托布津 500 倍液，或 98%恶霉灵 2000 倍液，或 50%多菌灵 500 倍液进行灌根，每株 200～250 毫升。重病区可根据病情 10～20 天后再灌 1 次。

8.番茄叶霉病

（1）发病症状　该病可为害番茄的叶、茎、果各部位，以叶片受害最常见。发病之初多在叶背面形成圆形或近圆形的淡黄色斑，正面褪绿，叶背病部有浅白色霉层，随病情发展呈棕褐色霉层，即病原菌的分生孢子梗和分生孢子。病斑多时，互连成片，叶片褪绿发黄，导致枯死，严重时叶正面也会出现棕褐色霉层。果实染病，形成黑褐色小斑块，病部凹陷、硬化，失去商品价值(如图 4-1-51、图 4-1-52)。

图 4-1-51　叶背霉层　　　　　　　　　　图 4-1-52　叶正病斑

（2）防治方法

农业防治　选用无病种子或用 50 ℃ 温水浸种 25 分钟；与非茄科蔬菜实行 3 年轮作；加强田间管理，施足底肥，控水、降湿，既可使植株健壮又可控制叶霉病的发生。

药剂防治　发病初期选用 75%拿敌稳 3000 倍液，或 43%好力克（戊唑醇）2500 倍液，或 30%特富灵 2100 倍液，或 10%世高 1500 倍液、40%福星 5000 倍液，或 25%阿米西达 1500 倍液，或 50%翠贝(嘧菌酯)3000 倍液喷雾。

9.番茄晚疫病

（1）发病症状　番茄苗期、成株期均可染病。苗期染病，多从植株上部嫩叶开始。成株期染病，多从植株的下部叶片开始，初为水渍状褪绿色斑，渐扩大呈褐色，高湿时病健交界处长出白色霉层；茎部染病，多见于病叶多的植株，初为长条形水溃状斑,随病情发展,病部凹陷、缢缩易折倒、萎蔫;果实染病,病斑呈水渍状不规则的云纹斑,后变为深褐色,边缘明显,病部表面坚硬而不平整,潮湿时病部边缘长出稀疏的白色霉层（如图4-1-53至图4-1-55）。

图4-1-53　病　果

图4-1-54　病　茎

图4-1-55　病　叶

（2）防治方法

农业防治　选用佳粉、毛粉802、中杂9号、特瑞皮克、佳粉15等抗病品种;清洁田园,清除病叶、病果及病残体。

生态防治　高垄覆膜栽培,采用膜下小水单沟暗灌,切忌大水串、漫灌,避免地面积水,灌水后及时排湿,清晨尽可能早拉帘放风换气;加强温室温度、湿度、光调控管理,降低温室内湿度,尤其是阴天也要拉帘利用散射光,并进行短时间换气后再密闭风口提温。

药剂防治　突出早期预防、重视发病初期救治,是控制番茄晚疫病流行的关键。发病前可用70%安泰生600倍液、75%达科宁600倍液、68.75%银法利1200倍液交替喷雾预防,10天左右喷1次;当田间发现中心病株时,可用52.5%抑快净1200倍液,或68.75%银法利400～600倍液,或72%杜邦克露600倍液,或68%金雷450～600倍液,或64%杀毒矾300倍液,或25%阿米西达1500倍液交替喷雾,5~7天1次。番茄茎秆初发病时,可用68.75%银法利5毫升加水0.5千克,与面粉调制成糊糊状,轻轻刮掉病斑上的疤痕后,将糊状药液均匀涂抹在其上即可,救治效果显著。

10.番茄早疫病

(1)发病症状 该病主要为害茄科的番茄、人参果等。叶片发病多从下部叶片开始向上部叶片发展,初时叶片上形成褪绿小斑点,后逐渐扩大形成大小不一的圆形或不规则褐色至暗褐色病斑,边缘多具有浅绿色或黄色晕环,病斑中部具有明显的同心突起轮纹;茎部发病多在分枝处,病斑椭圆形、长梭形或不规则形,褐色至深褐色,稍下陷,轮纹不明显,表面生灰黑色霉状物;果实发病多在果蒂附近产生近圆形或椭圆形、直径10~30毫米凹陷的病斑,病斑褐色至黑褐色,轮纹明显,上面布满黑色霉层,病斑部较硬,一般不腐烂(如图4-1-56、图4-1-57)。

图4-1-56 病 茎　　　　　　　图4-1-57 病 叶

(2)防治方法 发病初期可用75%拿敌稳3000倍液,或50%扑海因1000倍液,或10%世高1500倍液,或30%特富灵2100倍液,或40%福星(氟硅唑)5000倍液均匀喷雾,7天1次,连喷2~3次。

11.番茄病毒病

(1)发病症状 常见有花叶型、蕨叶型和条斑型。花叶型在叶片上出现明脉或黄绿相间的斑驳,叶片皱缩。蕨叶型幼叶呈螺旋状下卷,植株叶片自上而下全部或部分变为蕨叶,叶脉变紫,中下部叶片上卷;病果畸形,剖检果实,果肉呈浅褐色。条斑型在叶、茎、果上出现深褐色斑,后呈云纹状不规则茶褐色斑;茎秆上呈条状褐色斑,病部稍凹陷;病果上病斑浅褐色至深褐色,表皮凸凹不平,犹如猴头,病部变色仅局限于表皮,而不深入到茎内和果内(如图4-1-58至图4-1-61)。

图4-1-58 病花叶型

图4-1-59 蕨叶型

图4-1-60 条斑型(病果)

图4-1-61 条斑型(病茎)

(2)防治方法

农业防治 选用抗病品种如佳粉15号,毛粉802,中蔬4、5、6号等;播前种子用10%磷酸三钠浸种20分钟,冲洗后催芽播种;注意遮阴,小水勤浇,夏季高温季节可浇夜水降低地温。

药剂防治 控制蚜虫等传毒媒介可用25%阿克泰7500倍液或70%艾美乐7500倍液喷雾。发病初期可用25%阿米西达1500倍液或0.136%碧护7500倍液喷雾,提高植株抗毒能力,也可用20%病毒A 500倍液,或40%克毒宝1000倍液,或1.5%植病灵1000倍液喷雾。

12.辣椒疫病

(1)发病症状 苗期发病,茎基部呈暗绿色水浸状软腐或猝倒,有的茎基部呈黑褐色,幼苗枯萎而死;叶片感病,多从叶缘开始侵染,病斑圆形或近圆形,边缘黄绿色、中央暗绿色,迅速扩展至病叶腐烂或枯死;果实染病开始于果蒂部,初生暗绿色水浸状斑,迅速变褐色并软腐,湿度大时表面长出白色霉层,即病原孢子囊。干燥后形成暗绿色僵果残留在果枝上;茎和枝感病,病斑初为水浸状,后出现环绕表皮的褐色或黑褐色条斑,病部以上枝叶迅速凋萎(如图4-1-62至图4-1-65)。

图4-1-62　病　果

图4-1-63　病　茎

图4-1-64　病　叶

图4-1-65　田间萎蔫

(2)防治方法

农业措施　选用良种,温室以抗病、丰产、优质的陇椒2号、陇椒5号等品种为主;轮作倒茬,尽量与非茄科作物轮作,忌重茬;高垄覆膜栽培,科学灌水,采取膜下暗灌,避免灌水淹垄;加强田间管理,发现中心病株,要及时拔除,并用石灰撒入病穴内消毒,防止病菌扩散。

种子处理　先将种子在冷水中预浸6～15小时,然后移入1%硫酸铜溶液中浸5分钟,取出后拌少许草木灰再行播种;也可用1%次氯酸钠浸种5～10分钟,浸后洗净、晾干、催芽,然后播种。

土壤消毒　温室上茬作物收获后,深耕,灌水,再覆地膜,利用太阳光暴晒1个月,消灭土壤中的有害生物,防治土传病害。育苗时选择1～2年未种过茄科作物的土壤做苗床,然后每平方米用25%甲霜灵9克加70%代森锰锌1克与30千克细土拌匀,1/3药土铺床,2/3覆盖种子。

药剂防治　起垄后定植前,可用58%甲霜灵·锰锌500倍液喷洒垄面形成药膜,然后覆膜待播(移栽)。定植6天后,随即用68.75%银法利25毫升,兑水1.5～2.0千克,与面粉配制成糊糊状,用毛笔涂抹地表以上3～6厘米的茎秆周围,以预防苗期茎部感病;零星发病期,采取控制与封锁相结合的施药技术,重点控制侵染。可用68.75%银法利400～600倍液、52.5%抑快净1200倍液,或72%霜脲·锰锌500倍液,或72.2%普力克500倍液,或69%安克·锰锌1000倍液喷雾与灌根同时防治,视病情10～15天施1次,连施2～3次,灌根时每株灌药液200～250毫升。

13.蔬菜灰霉病

(1)发病症状　灰霉类病害是瓜类蔬菜的一类重要病害,番茄、茄子、辣椒、黄瓜、人参果、西葫芦及葡萄的灰霉病,都是当前日光温室生产中最主要的病害。苗期发病,多为子叶和刚抽出的真叶变褐腐烂,重时幼茎软化腐烂,表面生有灰色霉层,幼苗死亡;成株期发病,地上部的花、果、叶、茎等各部位都可发病。叶片发病,多由叶缘向内呈"V"型扩展;残花落到叶片上,则形成大型近圆形病斑,表面着生少量灰色霉层。黄瓜、番茄、辣椒以果实受害重,病果病部呈浅褐色或灰白色,似水烫状,后软化腐烂,湿度大时长满灰色霉层,失水僵化留在枝头或脱落。湿度特别大时,西葫芦病瓜、番茄病果上散生似老鼠屎一样的菌核(如图4-1-66至图4-1-69)。

图4-1-66　病果(番茄)

图4-1-67　病茎(辣椒)

图 4-1-68　病叶(番茄)　　　　　　图 4-1-69　病叶(黄瓜)

(2)防治方法

加强田间管理　控制田间湿度在 75% 以下,可有效地控制灰霉病发生。发病后及时摘除病叶、病花、病瓜(果)并深埋。

防止蘸花传病　将蘸花改为用小喷壶喷花,并在药液里加入 0.3% 施佳乐(嘧霉胺)或 0.2% 适乐时效果较好。

药剂防治　可选用 40% 施佳乐 500~1000 倍液,或 50% 瑞镇 1000 倍液,或 50% 扑海因(异菌脲)1000 倍液,或 50% 凯泽(啶酰菌胺)1250 倍液喷雾。番茄、辣椒等茎蔓、叶柄染病初期,用 40% 施佳乐 5 毫升加水 0.5 千克与面粉调制成糊糊状,轻轻刮掉病斑上的疤痕后,将糊状药液均匀涂抹在其上即可,可有效控制病部发展。

14.蔬菜白粉病

(1)发病症状　白粉病俗称白毛,系常发性病害。该病除为害黄瓜外,还为害西葫芦、甜瓜、西瓜、辣椒、番茄等多种蔬菜。该病多发生在作物生长的中后期,叶片、叶柄、茎秆均可染病,但多见于叶片。发病初期叶片正、反面出现白色小粉点,渐扩大呈边缘不整齐的大片白粉斑区,严重时布满整个叶片。在 16~24 ℃ 的适宜温度和 75% 相对湿度下,有利白粉病的发生和流行。叶面有水珠的情况下,该菌会吸水破裂而死。高温干燥而无结露或管理不当,黄瓜生长衰败,则白粉病严重发生(如图 4-1-70 至图 4-1-72)。

(2)防治方法　发病初期可用 75% 拿敌稳 3000 倍液(苗床 6000 倍液),或 10% 世高 1500 倍液,或 43% 好力克(戊唑醇)2500 倍液,或 30% 特富灵 2000 倍液,或 40% 福星(氟硅唑)5000 倍液交替均匀喷雾,7~10 天 1 次,连用 2~3 次。秋冬茬黄瓜定植后若茎秆、子叶、真叶都严重感病,可先喷充足的清水,再喷药救治。因粉锈

图 4-1-70　番茄(叶正)

图 4-1-71　辣椒(叶背)

图 4-1-72　西葫芦(叶正)

宁对黄瓜生长点有抑制作用,应慎用;含有丙环唑成分的单剂、混配制剂,易发生药害,辣椒等作物和葡萄上最好勿用;多硫胶悬剂对瓜类作物较敏感,也应慎用。

15.根结线虫病

(1)发病症状　根结线虫病是温室瓜类蔬菜的毁灭性病害之一,尤其是瓜类、茄类、豆类等,受到的危害最重。发病轻微时,瓜、菜株仅有些叶片发黄,中午或天热时叶片显现萎蔫(如图 4-1-73)。

发病较重时,瓜、菜株矮化、瘦弱,长势差,叶片黄萎。发病严重时,瓜、菜株提早枯死。症状表现最明显的是瓜、菜株的根部。把瓜、菜株连根挖出,在水中涮去泥土后可见主根朽弱,侧根和须

图 4-1-73　田间萎蔫状

根增多,并在侧根和须根上形成许多根结,俗称"瘤子"(如图4-1-74)。

图4-1-74 根部肿瘤

根结大小不一,形状不正,初时白色,后渐变为灰褐色,表面有时龟裂。较大根结上,一般又可长出许多纤弱的新根,其上再形成许多小根结,致使整个根系成为"须根团"。剖视较大根结,可见在病部组织里埋生许多鸭梨形的极小的乳白色虫体。根结线虫远距离传播的主要途径为跨区域种苗运输,棚室间则借病土、病苗、灌溉水及人为携带传播。一旦根结线虫传入温室,很快就会大量积累造成严重为害。此虫多分布在5~30厘米的土层中,可以在温室内种植的黄瓜、番茄、西葫芦、甜瓜、西瓜、茄子、芹菜、豇豆等多种作物上寄生,并可终年繁殖。线虫借自身蠕动在土粒间可移行30~50厘米的距离。2龄幼虫为侵染幼虫,接触寄主根部后多由根尖部侵入,定居在根生长锥内,并分泌刺激物,使之形成巨型细胞和根结(虫瘿)。一般来说,适合于瓜、菜作物生长的温、湿度条件,也适合于线虫的孵化和侵染,土温55℃时10分钟就可致死。重茬地为害重,温室往往重于露地。

(2)防治方法

高温闷棚 上茬作物收获后,清除根茎、枯枝、落叶,及时于高温季节深耕(40厘米以上),亩施碎秸秆300千克左右,细心拾捡掉根结,耙耢平整,覆盖地膜,灌足水后将前廊、立柱处压严实,再盖严实棚膜,利用太阳光暴晒20~30天,使土壤5厘米处的地温白天达60~70℃,土壤10厘米深处的地温达50℃以上,可杀死土壤中的根结线虫病等多种病菌及害虫。土壤高温消毒必须在定植前半月结束,并揭掉地膜、拉开风口,降低土壤温度。播种前要增施充分腐熟的有机肥或生物菌肥,以促进有益微生物群落的繁殖。

土壤处理 种植前每亩用10%福气多颗粒剂1.5~2.0千克,拌细土60~80千克,均匀撒施于土表,再翻入20厘米耕层,也可均匀撒施于沟内或定植穴内,再浅覆土,施药后当日即可播种或定植,并尽量缩短施药与播种、定植的间隔时间。

药剂灌根 作物定植后,结合其他病害的预防,随即用70%艾美乐(吡虫啉)5克加70%安泰生(丙森锌)1袋(25克)加72.2%普力克(霜霉威)1袋(20毫升)加30%瑞苗清(甲霜·恶霉灵)水剂1袋(8毫升),兑水15千克灌根(可灌3~4垄,每株至少灌一纸杯药液),以防病、治虫、补锌、促根。第一次药后1个月,或者发现有根结线虫危害,可用 70%艾美乐(吡虫啉)5 克加 70%安泰生(丙森锌)1 袋(25 克)兑水 15 千克灌根(具体要求同第 1 次),间隔 1 个月,仍用上述农药和方法再灌根 1 次。

二、虫害发生与防治技术

(一)发生危害

1.斑潜蝇

【危害与诊断】 美洲斑潜蝇成虫是 2～2.5 毫米的蝇子,背黑色(如图 4-2-1);幼虫是无头蛆,乳白至鹅黄色,长3～4 毫米;蛹橙黄色至金黄色,长 2.5～

图 4-2-1 成 虫

3.5 毫米。成虫吸食叶片汁液,造成近圆形刻点状凹陷, 将卵产于叶片正面表皮下,孵化后的幼虫蛀食上、下表皮之间的叶肉组织,形成黄白色虫道,蛇形弯曲,无规则,虫粪线状(如图 4-2-2),可使叶片光合作用下降,影响产量和质量。

图 4-2-2 危害状

【发生规律】 美洲斑潜蝇和南美

斑潜蝇在露地不能越冬 , 可在日光温室中周年活动为害 , 且寄主植物广、生活历期短、繁殖速度快 、世代重叠明显 , 从出苗(8 月中旬)到拉秧(6 月下旬)一年完成 8～10 代。各作物依受害程度以虫情指数为序从重到轻依次为菜豆、黄瓜、西葫芦、芹菜、茄子、辣椒、番茄。两种斑潜蝇对黄色均有较强的趋性。幼虫老熟后多数会落地化蛹(如图 4-2-3)。

图 4-2-3 蛹

2.白粉虱

【危害与诊断】　白粉虱(如图4-2-4)是日光温室瓜类、蔬菜上的重要害虫,几乎可危害所有的瓜、菜作物,大发生的时候日光温室附近的露地瓜、菜作物受害也较重。成虫和若虫群聚叶片背面吸食植物汁液,被害叶片褪绿、变黄、萎蔫,甚至全株死亡。除直接为害外,白粉虱成虫和若虫还能分泌大量蜜源,严重污染叶片和果实,引起煤污病的大发

图4-2-4　白粉虱

生,影响作物的呼吸作用和光合作用,造成减产并降低蔬菜商品价值。同时,白粉虱还可传播病毒病。白粉虱成虫1.0～1.5毫米,淡黄色,雌、雄均有翅,翅面覆盖白蜡粉,外观虫体呈白粉。若虫体长0.5～0.9毫米,椭圆形,扁平,为淡黄绿色,体表具长短不齐的蜡质丝状突起。卵长椭圆形,有短柄,长0.25毫米,初产时淡黄色,孵化前黑褐色。蛹为伪蛹(实为4龄若虫),长0.8毫米,初期体扁平,逐渐加厚呈蛋糕状,中央略高,黄褐色。

【发生规律】　白粉虱在民勤县露地不能越冬,但可以各虫态在日光温室内的瓜、菜作物上继续繁殖为害,一年可发生十多代。成虫羽化后1～3天交尾产卵,每雌虫平均产卵124.5～324头,散产。可进行孤雌生殖,其后代均为雄性。成虫有较强趋黄性和趋嫩性,忌避白色、银灰色。成虫不善于飞翔,在田间多先点片发生,逐渐向四周扩散。成虫喜欢群居于瓜、菜作物植株上部嫩叶为害,并在嫩叶叶背产卵。因此,各虫态在寄主作物自上而下的分布为:新产的绿卵、变黑的卵、幼龄若

图4-2-5　蚜　虫

虫、老龄若虫、伪蛹。白粉虱的发育历期、成虫寿命、产卵数量等均与温度有密切关系,成虫活动最适温度为25～30℃。温度高至40℃时卵和若虫大量死亡,成虫活动能力显著下降。

3.蚜虫

【危害与诊断】　蚜虫(如图4-2-5)是蔬菜上种类多、发生普遍、为害严重的一类害虫,重要的有桃蚜、瓜蚜(棉蚜)、菜缢管蚜(萝卜蚜)、豆蚜。菜缢管蚜、豆

蚜寄主范围较窄,分别只为害十字花科蔬菜和豆科作物;而桃蚜、瓜蚜寄主范围非常广,几乎可以为害所有种类瓜、菜作物。蚜虫均以成蚜或若蚜群聚在寄主嫩叶背、嫩茎和嫩尖上刺吸吸食汁液。受害叶片上形成斑点,造成叶片卷缩。为害重时瓜菜苗(株)萎蔫,甚至枯死。一些蚜虫如瓜蚜在吸食汁液的同时,分泌大量蜜露,污染叶片,诱发煤污病,影响叶片光合作用。蚜虫还是病毒病最重要的传毒媒介。

【发生规律】　蚜虫可以在日光温室瓜、菜作物上周年繁殖、为害。蚜虫繁殖能力很强,可以孤雌胎生方式繁殖30~40代甚至更多,且后代全为雌性,所以数量的增长速度非常惊人。田间最多的是无翅胎生雌蚜。22~26 ℃是蚜虫繁殖最适宜温度,干燥环境一般对蚜虫发生有利;相对湿度超过75%时蚜虫发生、繁殖受到抑制。有翅蚜对黄色有强烈的趋性,对银灰色有负趋性。

4.红蜘蛛

【危害与诊断】　红蜘蛛是叶螨的俗称。为害温室瓜、菜作物的叶螨系二斑叶螨、截形叶螨和朱砂叶螨组成的复合种群。若螨和成螨群聚叶背吸取汁液(如图4-2-6、图4-2-7),使叶片呈灰白色或枯黄色细斑(如图4-2-8),严重时整个叶片呈灰白色或淡黄色(如图4-2-9),迅速干枯脱落(如图4-2-10),影响生长,缩短结果期,造成减产。红蜘蛛也易为害瓜菜作物的心叶,使叶片严重皱缩(如图4-2-11)。

图4-2-6　红蜘蛛为害西瓜叶片状

图4-2-7　红蜘蛛为害菜豆叶片状

图4-2-8　红蜘蛛为害辣椒幼苗,使叶片正面呈枯黄色小点

图 4-2-9　红蜘蛛严重为害，
使菜豆叶片布满淡黄色斑点

图 4-2-10　红蜘蛛严重为
害使西瓜叶片发黄、干枯

图 4-2-11　红蜘蛛为害辣椒心叶，
使新出的叶片严重皱缩，似病毒病

【发生规律】　红蜘蛛的寄主植物非常广泛，日光温室内种植的黄瓜、辣椒、茄子、人参果、菜豆、西葫芦、西瓜、甜瓜等作物都是红蜘蛛的重要寄主。秋季温室红蜘蛛来自三个方面：由移栽的瓜、菜秧苗传播者，温室内杂草寄生者，露地螨源从风口迁飞者。开始点片发生，逐渐扩散全田，在植株上先为害下部叶片，再向上部叶片转移。成螨、若螨靠爬行、吐丝下垂在株间蔓延，也可通过农事操作传播。红蜘蛛在温室内可周年发生、繁殖，以两性生殖为主，1 头雌螨可产卵 50～110 头，有孤雌生殖现象，一年可发生十多代，世代重叠为害。高温低湿有利于其发生，生育和繁殖适温 29～31 ℃，适宜相对湿度为 35%～55%。温室内以刚定植的 8—9 月和翌年 5—6 月发生为害最重。

5. 蓟马

【危害与诊断】　为害瓜、菜作物的蓟马种类很多，为害重的有瓜蓟马、瓜亮蓟马、花蓟马和葱蓟马。葱蓟马主要为害葱、蒜、韭菜等百合科蔬菜；瓜蓟马等 3 种蓟马主要为害瓜类、茄果类蔬菜，也能为害豆类、十字花科蔬菜。花蓟马成虫体长 1.3

毫米,浅褐色至深褐色(如图 4-2-12)。若虫共 4 龄,初龄长 0.4 毫米,乳白色至淡黄色(如图 4-2-13)。伪蛹实为 4 龄,体长 0.8～1.2 毫米,淡黄色。卵肾形,孵化前有 2 个红色眼点。蓟马以成虫和若虫锉吸被害瓜、菜植株心叶、嫩芽、花和幼果的汁液。未展开的心叶被害,使新出的嫩叶皱缩,随着叶片的生长,可见叶片正面零星出现淡黄色小斑点,部分叶片的边缘出现缺刻(如图 4-2-14)。展开的叶片背面表皮被害,产生许多灰白色小斑点(如图 4-2-15),重时斑点连片致使整个叶片呈灰白色,卷缩扭曲(如图 4-2-16)。花蓟马主要为害花器(如图 4-2-17),影响结实,幼果受害后僵硬、畸形,生长停止,重时落果;大果受害,使其果面、花托处布满刻伤斑点(如图 4-2-18、图 4-2-19)。

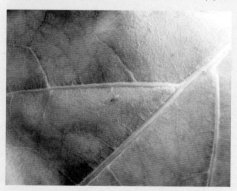

图 4-2-12　辣椒叶片背面栖息的蓟马成虫

图 4-2-13　在辣椒花器为害的蓟马若虫

图 4-2-14　蓟马为害心叶,使
展开的辣椒叶片边缘出现缺刻

图 4-2-15　蓟马锉食辣椒叶背表皮,
使之呈灰白色,并散布针尖大的小黑点

图 4-2-16　蓟马大发生，使辣椒
叶片背面布满连片的灰白色斑点

图 4-2-17　群聚辣椒花朵内为害的蓟马

图 4-2-18　重症为害的茄子果面及花
托上布满蓟马为害的刻伤斑点

图 4-2-19　蓟马为害辣椒果柄症状

【发生规律】　温室内花蓟马的各虫态均可越冬，一年发生十多代。成虫有趋花性，喜欢在花器活动，产卵于花的子房内，也常产卵于叶片中。从土中羽化的成虫性喜嫩绿部分，活泼善飞，爬动也很敏捷，有畏光隐蔽特性，白天多隐蔽于生长点及幼瓜绒毛内，多早、晚及阴天取食。初孵化的幼虫群聚为害，稍大则分散。瓜蓟马可进行孤雌生殖，老熟幼虫有入土化蛹习性。由于日光温室、大棚栽培条件下温、湿度较为适宜，容易引起蓟马的大发生。

(二)防治技术

1.清　前茬作物收获后，及时处理残株枯叶，并及时深翻土壤清除；定植前，彻底清除走道、墙体上滋生的杂草（如图4-2-20）；生长期间，发现零星虫叶，及时摘除，带出温室外妥善处理。

图4-2-20　定植前一定要彻底清除温室内的杂草

图4-2-21　立柱旁种菜豆弊大于利

2.避　温室周围500米内最好不种植斑潜蝇、白粉虱喜食的瓜类、豆科、茄科作物，可基本控制其温室、露地间的传播扩散。温室立柱旁不点种斑潜蝇、红蜘蛛喜食的菜豆（如图4-2-21）。

3.挡　试验示范证实，温室风口覆盖防虫网，可有效阻挡斑潜蝇、白粉虱、蚜虫等害虫从风口迁入温室，是非常经济、有效的无害化控害措施。具体做法：育苗时，在拱棚外覆盖防虫网，防止斑潜蝇、白粉虱由露地迁入定植前，将温室充分熏蒸消毒，在风口处设置30目防虫网（四周压实封严），防止害虫成虫由露地作物转移进入温室（如图4-2-22）；进入11月后拆除并清洗防虫网，至翌年2月下旬重新设置，

苗床；移栽时，剔除带虫苗或带虫叶片；以防温室内越冬成虫从风口扩散到露地作物为害。

4.诱　蔬菜定植后至10月底是斑潜蝇、白粉虱等从露地向温室迁入为害的关键时期。利用斑潜蝇、白粉虱很强的趋黄性，在温室偏南部每间悬挂黄板1张（呈"品"字形布局），垂直悬挂于作物上方15～20厘米处，可以达到持续诱杀斑潜蝇、白粉虱、蚜虫成虫，控制其发生为害、减少农药喷防次

防虫网

图4-2-22　风口设置的防虫网

数的目的(如图 4-2-23、图 4-2-24)。

图 4-2-23 温室悬挂黄板，诱杀斑潜蝇、白粉虱、蚜虫

图 4-2-24 黄板上沾满斑潜蝇等成虫

5.扫 利用斑潜蝇幼虫老熟后多数会落地化蛹的特性，定期用小笤帚或刷子扫去落在垄上行间的蛹。冬季温度低，斑潜蝇蛹期长、蛹量大，应于 1 月起，隔半月人工扫蛹 1 次（如图 4-2-25），携至室外深埋，可显著降低春季高峰前虫量，减轻为害程度。

6.闷 黄瓜棚内斑潜蝇发生严重时，选晴天上午浇足水后，密闭温室，待气温上升至 45 ℃ 左右，保持 2 小时，而后徐徐降温排湿，对成虫、幼虫和蛹均有很好的防效，而且

图 4-2-25 定期打扫行间卫生，清扫落在地膜上的斑潜蝇蛹

对黄瓜霜霉病、白粉虱也有一定的兼防效果。

7.熏 定植前 7～10 天，每亩用 80% 敌敌畏乳油 250 毫升拌 1 千克锯末，掺入 250 克硝酸铵拌匀，每隔一间点燃一堆施放。作物生长期间白粉虱密度大时，可用 45% 异丙威烟剂熏杀（如图 4-2-26）。

图 4-2-26 遍地是被药剂熏杀死的白粉虱

8.防　温室环境条件非常有利蚜虫、红蜘蛛等害虫发生与增殖,化学防治要突出一个"早"字。

蚜虫、蓟马初发后,用70%艾美乐(吡虫啉)水分散粒剂3～4克加2.5%敌杀死(溴氰菊酯)乳油2支(8毫升),或25%阿克泰(噻虫嗪)水分散粒剂2克加2.5%敌杀死乳油2支(8毫升),或70%艾美乐水分散粒剂2克加2.5%菜喜(多霉素)悬浮剂1袋(15毫升)加2.5%敌杀死乳油1支(4毫升),兑1喷雾器水交替喷雾,间隔期5～7天。

白粉虱成虫零星发生后,用25%阿克泰水分散粒剂2克或70%艾美乐水分散粒剂3克,兑1喷雾器水交替喷雾,间隔期5天;初孵若虫集聚为害时,可用24%亩旺特(螺虫乙酯)悬浮剂3～5毫升,兑1喷雾器水喷雾,可兼防蚜虫、红蜘蛛、蓟马等害虫。

红蜘蛛发生初期,用24%螨危(螺螨酯)悬浮剂半袋药(5毫升)加8%中保杀螨(阿维·哒)乳油1农药瓶盖(10毫升),或24%亩旺特悬浮剂3～5毫升加8%中保杀螨乳油1农药瓶盖(10毫升),或73%克螨特10～15毫升,兑1喷雾器水喷雾防治,注意将药液喷布到叶片背面。

斑潜蝇初发时,可用20%斑潜净(阿维·杀虫单)微乳剂2袋(16克),或1.8%集琦虫螨克(阿维菌素)乳油10毫升,或1.8%甲氨基阿维菌素10毫升,兑1喷雾器水交替喷雾防治。喷雾适期应在多数幼虫2龄以前。

三、合理安全使用农药技术

在温室作物生产中,由于其特殊的生态条件,十分有利于病虫害的发生、发展和流行。日光温室生产中病虫害严重发生时,需要化学农药来控制。在施药防治中,选哪种农药、用什么样的剂型、用哪种方式施药、应注意什么问题等,是无公害生产中合理安全使用农药的基本要求,是每一个种植温室农民必须掌握的知识。

(一)农药基本知识

1.农药的类别

根据防治对象,农药可分为:

(1)杀虫剂　如敌敌畏、溴氰菊酯(敌杀死)、吡虫啉(艾美乐)等。

(2)杀螨剂　如炔螨特(克螨特)、螺螨酯(螨危)、哒螨灵、四螨嗪等。

(3)杀菌剂　如多菌灵、丙森锌(安泰生)、甲霜灵、霜霉威·氟吡菌胺(银法利)、恶酮·霜脲氰(抑快净)、啶酰菌胺(凯泽)等。

(4)杀线虫剂　如线克、噻唑膦(福气多)等。

　　(5)杀鼠剂　　如溴敌隆、敌鼠钠盐、杀鼠灵等。

　　(6)植物生长调节剂　　如番茄灵、赤·吲乙·芸苔(碧护)、多效唑(PP333)等。

　　2.农药的剂型

　　(1)水分散粒剂(WG)　　是将难溶于水的固体粉末经超级粉碎后,借助分散剂、润湿剂、填料等助剂能在水相介质中快速地崩解,均匀地分散悬浮于水相介质中。这种剂型要求脱落率低,产品中不夹有粉末,且流动性能好,使用方便,无粉尘飞扬,很安全,是目前大力推广的环保型剂型。如70%吡虫啉(艾美乐)水分散粒剂、75%肟菌酯·戊唑醇(拿敌稳)水分散粒剂、52.5%恶酮·霜脲氰(抑快净)水分散粒剂、50%啶酰菌胺(凯泽)水分散粒剂等。

　　(2)可湿性粉剂(WP)　　将常温下固体的原药、湿润剂和填料,经机械研磨、混匀而制成的粉状制剂。使用时用水配成悬浮剂喷雾,也可用于灌根、土壤处理、药剂拌(浸)种。如70%丙森锌(安泰生)可湿性粉剂、50%多菌灵可湿性粉剂、70%百菌清可湿性粉剂、70%甲基硫菌灵可湿性粉剂、70%代森锰锌可湿性粉剂、15%三唑酮(粉锈宁)可湿性粉剂等。

　　(3)粉尘(DP)　　专用于温室喷粉的剂型,其加工的细度较粉剂要高得多,喷粉后可在温室内形成飘尘,弥漫于温室空间,可降低室内湿度。如5%百菌清粉尘、7%叶霉净粉尘、6.5%乙霉威粉尘等。

　　(4)悬浮剂(SC)　　将原粉、润湿剂、悬浮剂、分散剂混合,在水中经多次研磨而成。贮存时间较长时会在瓶中出现沉淀现象,用于温室喷雾或灌根,施用时摇匀方可使用。如40%嘧霉胺(施佳乐)悬浮剂、43%戊唑醇(好力克)悬浮剂、50%异菌脲(扑海因)悬浮剂、45%噻菌灵悬浮剂等。

　　(5)乳油(EC)　　用原药、乳化剂和溶剂按一定的比例加工制成的单相均匀液体,加水后可形成乳状液。具有有效成分含量高,在植物表面润湿性好,黏着性强,药效高,使用方便,性质稳定等优点,但易燃。温室中土壤处理、药剂拌种、灌根和喷雾常用的杀虫剂和杀菌剂多是该剂型。如40%氟硅唑(福星)乳油、2.5%溴氰菊酯(敌杀死)乳油、8%阿维·哒(中保杀螨)乳油、48%毒死蜱(乐斯本)乳油等。

　　(6)水剂(AS)　　能够溶于水的原药,直接用水配制而成的剂型。制剂的浓度仅取决于有效的水溶解度,一般在使用时再加水稀释。用于温室喷雾或灌根。如72.2%霜霉威盐酸盐(普力克)水剂、30%甲霜·恶霉灵(瑞苗清)水剂等。

　　(7)烟剂(FU)　　用原药、燃料、氧化剂、消燃剂等成分制成的粉状混合物,点燃后能够燃烧,但不产生明火。农药的有效成分因受热而气化,在空气中冷却后凝聚成固体微粒,沉积在植物和病虫体上而被病虫吸收起到毒杀作用。同时使用烟剂可降低室内湿度,是温室专用的剂型。如2.5%百菌清烟剂、40%百菌清烟剂、45%腐霉利烟剂、10%异·吡烟剂等。

(8)油剂(OL)　超低容量喷雾用的剂型,不加水直接使用,但必须用专用喷雾器。如10%百菌清油剂等。

(9)颗粒剂(GR)　用原药、载体和辅助剂制成的颗粒状制剂,分为遇水不能分散开的非解体性颗粒剂和遇水能分散开的解体性颗粒剂两种。其特点是可控制有效成分的释放速度,延长持效期,主要用于土壤处理,防治土传病害和地下害虫。如10%噻唑膦(福气多)颗粒剂、4%疫病灵颗粒剂等。

3.农药的毒性　农药的毒性是指农药损害生物的能力。毒性产生的损害则称为毒性作用或毒效应。农药一般都是有毒的,其毒性大小通常用对试验动物的致死中毒量、致死中毒浓度表示。按照我国制定的农药急性毒性分级标准,农药毒性分为剧毒、高毒、中等毒、低毒、微毒五个级别。

4.农药的安全间隔期　农药安全间隔期为最后一次施药至作物收获时允许的间隔天数,即收获前禁止使用农药的日期。大于安全间隔期施药,收获农产品中的农药残留量,不会超过规定的允许残留量,可以保证食用者的安全。

(二)农药的选择

严格遵守国家颁布的《中华人民共和国农产品质量安全法》、《中华人民共和国农药管理条例》、《甘肃省农药管理办法》及《武威市人民政府关于加强农药管理工作,全面禁止经营和使用高毒农药的通告》精神,决不能使用国家禁用的高毒、高残留农药,在国家允许有限制地使用限定的农药中选用对路的农药。

1.禁止使用的农药　严禁使用剧毒、高毒、高残留的农药有:六六六、DDT、甲胺磷、甲基对硫磷、对硫磷、久效磷、磷胺、毒杀芬、二溴氯丙烷、杀虫脒、二溴乙烷、除草醚、艾氏剂、狄氏剂、汞制剂、砷类、铅类、敌枯双、氟乙酰胺、甘氟、毒鼠强、氟乙酸钠、毒鼠硅;甲拌磷(3911)、甲基异柳磷、克百威、涕灭威、特丁硫磷、甲基硫环磷、治螟磷、内吸磷、灭线磷、硫环磷、蝇毒磷、地虫硫磷、氯唑磷、苯线磷、氧乐果。

2.推荐使用的农药　化学类杀虫、杀螨剂有:敌百虫、辛硫磷、氯氰菊酯(安绿宝等)、溴氰菊酯(敌杀死等)、氰戊菊酯(速灭杀丁等)、阿维·杀虫单(斑潜净)、炔螨特(克螨特、奥美特)、螺螨酯(螨危)、螺虫乙酯(亩旺特)、噻螨酮(尼索朗)、避蚜雾(抗蚜威)、定虫隆(抑太保)、吡虫啉(艾美乐、康福多、大功臣、高巧等)、哒螨酮(哒螨灵、扫螨净等)、灭幼脲、除虫脲(灭幼脲1号等)、阿维·哒(中保杀螨)、噻唑膦(福气多)等。化学类杀菌剂有：波尔多液、DT、氢氧化铜(可杀得)、氧化亚铜(靠山、铜大师)、多菌灵、丙森锌(安泰生)、百菌清(达科宁等)、甲基硫菌灵(甲基托布津等)、代森锰锌(大生、新万生等)、乙膦铝(疫霉灵、三乙膦酸铝等)、甲霜灵(瑞毒霉、阿普隆等)、磷酸三钠、烯唑醇(速保利等)、嘧霉胺(施佳乐等)、咪酰胺(施保功等)、异菌脲(扑海因等)、腐霉利(速克灵等)、戊唑醇(好力克等)、霜霉威盐酸盐(普力克等)、氟·霜霉威(银法利)、甲霜·恶霉灵(瑞苗清、秀苗)、苯醚甲环唑(天沐、世高等)、肟菌酯·戊唑醇(拿敌稳)、氰菌唑(特富灵等)、氟硅唑(福星)、啶酰菌胺(凯泽)、恶霉灵(绿亨1号等)、恶酮·霜脲氰(抑快净)、精甲霜·锰锌(金雷)、嘧菌环胺(瑞镇)、乙霉威、乙烯菌核利(农利灵等)、恶霜·锰锌(杀毒矾、霜疫清等)、脲霜·锰锌(克露等)、春雷·王铜(加瑞农)、琥胶肥酸铜、硫酸铜等。

3.优先使用生物农药　常用的生物杀虫杀螨剂有：阿维菌素(齐螨素、害极灭等)、多杀霉素(菜喜等)、Bt、浏阳霉素、华光霉素、茴蒿素、鱼藤酮、苦参碱、藜芦碱等；杀菌剂：农用硫酸链霉素、井冈霉素、春雷霉素、多抗霉素、武夷菌素等。

4.巧用非药剂物质　利用日常常见的非药剂物质也可控制病虫的发生。如800～1000倍液的尿洗合剂(1份尿素、0.2份洗衣粉、100份水混合而成)、石灰烟草水(石灰少许浸泡烟草一昼夜过滤而成)等，对蚜虫有较好的防效；用100～150克碳酸氢铵加水15千克喷雾，可防治黄瓜霜霉病；将20～30克大蒜、洋葱捣碎成泥状，加10千克清水充分搅拌，取其过滤液进行喷雾，对蚜虫、红蜘蛛均有很好的防治效果。

(三)选购农药应注意事项

1.依据田间诊断结果，选购对路的农药品种。

2.购买农药应到有农药经营资质的、有信誉的门店去选购，以防上当受骗，延误防治适期。

3.对植保书籍、技术人员及农药经营商推荐的农药品种，购买前不但要询问该农药的价格，更要认真查看其商品名称、通用名称、有效成分及含量、剂型、农药登记证号或农药临时登记证号、农药生产许可证号或者农药生产批准文件号、产品标准号、企业名称及联系方式、生产日期、产品批号、有效期、重量、产品性能、用途、使用技术和使用方法、毒性及标示、注意事项、农药类别、象形图等内容。产品附说明书的，应当索要其说明书，以便了解该农药的详细内容(如图4-3-1)。

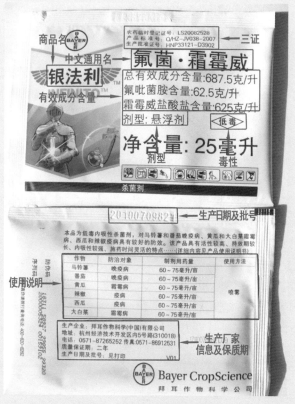

商品名

中文通用名——银法利™

有效成分含量

农药临时登记证证号：LS20082528
产品标准号：Q/HZ－JV038－2007
生产批准证号：HNP33121－D3902　——三证

氟菌·霜霉威

总有效成分含量:687.5克/升
氟吡菌胺含量:62.5克/升
霜霉威盐酸盐含量:625克/升

剂型:悬浮剂　◁低毒

净含量:25毫升

剂型　　　　毒性

杀菌剂

2010070982　——生产日期及批号

本品为低毒内吸性杀菌剂，对马铃薯和番茄晚疫病、黄瓜和大白菜霜霉病、西瓜和辣椒疫病病具有较好的防效。该产品具有活性较高、持效期较长、内吸性较强、施药时间灵活的特点。（详细信息见产品使用说明书）

使用说明——

作物	防治对象	制剂用药量	使用方法
马铃薯	晚疫病	60～75毫升/亩	喷雾
番茄	晚疫病	60～75毫升/亩	
黄瓜	霜霉病	60～75毫升/亩	
辣椒	疫病	60～75毫升/亩	
西瓜	疫病	60～75毫升/亩	
大白菜	霜霉病	60～75毫升/亩	

生产企业：拜耳作物科学(中国)有限公司
地址：杭州经济技术开发区五号路(310018)
电话：0571－87265262 传真:0571－86912531
质量保证期：二年
生产日期及批号：见打印　　　　　　V01

——生产厂家
信息及保质期

Bayer CropScience
拜耳作物科学公司

图 4-3-1　农药标签内容介绍

　　4.药剂质量与防治效果直接有关。温室特殊的生态环境条件,十分有利于霜霉病、晚疫病、灰霉病、疫病、白粉病及蚜虫、红蜘蛛、白粉虱、斑潜蝇等病虫害的发生与流行,选用对路、质量上乘的品牌农药是确保预防、救治效果的基础。虽然有效成分含量、加工剂型和加工质量等有保证的品牌农药的价格要贵点,但防治实践已证实,其预防、救治效果优异,保收增效显著,使用品牌农药是划算的。不要图便宜购买过期、劣质、假冒农药,以免影响防治效果,贻误防治适期,造成严重损失。

　　5.为防止购买假冒劣质农药,可用以下简易方法识别:将乳油或胶悬剂农药摇匀,静置 1 小时左右,如果出现油水分离、分层、浑浊不清、悬浮絮状或粒状物、沉淀颜色上浅下深等情况,则说明该农药可能已失效。对粉剂农药,取农药少许放在金属片上加热,如果产生大量白烟,并有浓烈的刺鼻气味,说明药剂良好,否则说明已经失效或质量不好。对可湿性粉剂,取 30 克放在玻璃容器内,先加少量水调成糊状,再加入 150 毫升清水摇匀,静止 10 分钟观察,未失效的农药溶解性好,药液中悬浮的粉粒细小，沉降速度慢且沉淀量少；失效或质量不好的农药则与之相反(如图4-3-2)。

6.购买农药应向农药经销商索要发票，一旦发现该农药有问题，可凭其协商解决；若因农药质量问题引致药害，应及时向农药、工商、技术监督等有关部门投诉。

(四)农药用量确定及配制

1.认真阅读农药标签上的说明，严

图4-3-2 质量好的农药水中溶解后不沉淀

格按照标签上推荐的用量或浓度配制。为方便农户使用,农药生产企业一般按1喷雾器水(15千克)的农药用量为最小包装。如70%安泰生可湿性粉剂1袋(25克)、68.75%银法利悬浮剂1袋(25毫升)、75%拿敌稳水分散粒剂1包(5克)、40%福星乳油1袋(2毫升)等,兑1喷雾器水即可。需要指出的是:在一定范围内,浓度高些,每亩的用药量大些,药效会高些;但超过限度,防效并不按正比提高,甚至下降,并易出现药害,有利于病虫产生抗药性。

2.量取药剂要用量筒、针管等,保证计量准确(如图4-3-3)。有些农户用瓶盖来量药,如瓶盖有刻度是可行的,否则不能采用这种带有估测性质的方法。严禁用农药瓶或大包装袋直接往喷雾器内估计着倒农药(如图4-3-4)。

图4-3-3 配药要准确

图4-3-4 这种配药方法不科学

3.配药应采取"二次稀释法",即先将称(量)好的1喷雾器的农药倒入1千克左右水中,充分搅匀后,再倒入加了半桶水的喷雾器内,然后加足水,待充分混匀后即可喷雾(如图4-3-5至图4-3-8)。严禁先加药后加水,以免发生药害。

图 4-3-5　配药步骤 1：先将
药剂加入少量水中稀释

图 4-3-6　配药步骤 2:将药剂与水充分搅匀

图 4-3-7　配药步骤 3：将稀释好的母
液加入已加半桶水的喷雾器内

图 4-3-8　配药步骤 4：用清水加到喷
雾器的刻度线,并轻轻晃动后即可喷雾

　　4.要注意不同作物种类、品种及其生育阶段的耐药性差异,根据病虫害的发生情况及农药毒性,严格掌握用药量和配制浓度。如用 75%拿敌稳(肟菌酯·戊唑醇)水分散粒剂防治西瓜、黄瓜、辣椒等作物白粉病,苗床喷药的浓度要低,1～2克兑 1 喷雾器水既能有效控制病害蔓延,且对幼苗安全;成株期喷药的浓度则要按推荐剂量(1 喷雾器水加药 5 克)施用,才能保证防治效果。

　　5.配制农药的水,宜用清水。矿化度高的苦水最好用"柔水通"等水质软化软化后配药,否则会影响可湿性粉剂的悬浮性或破坏乳油的乳化性,而影响药效或发生药害。

（五）农药的使用方法

1.喷雾施药　喷雾法是通过喷雾器械将药液直接雾化附着在植物或虫体上,达到防病治虫的目的(如图4-3-9)。适宜喷雾的农药剂型有:水分散粒剂、悬浮剂、可湿性粉剂、乳油、微乳剂、水剂、可溶性粉剂、乳粉等农药。喷雾技术要求:一是喷头喷孔要小。喷雾器的喷头,不要用双喷头、直喷头和

图4-3-9　单侧喷雾,并注意将药液喷布到叶片背面

大孔径的喷头,最好选用铜制的喷头,且喷孔要选最小(0.7毫米)的(如图4-3-10),这样的喷头喷出的雾滴细,可提高药滴附着率。二是喷雾方法要得当。喷雾压力要足,并保持恒压,才能喷化好、雾滴细、喷布均匀,提高药液利用率;压力不足喷出的粗雾,易形成"水滴流淌"(图4-3-11)和"药斑"(图4-3-12)。三是黄

图4-3-10　喷头喷孔小,雾化好

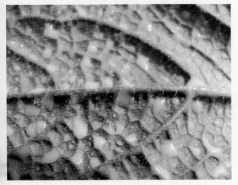

图4-3-11　粗雾,易形成"水滴流淌"

图4-3-12　喷药后留在叶片上的药斑

瓜霜霉病、番茄晚疫病、辣椒白粉病等真菌性病害,多数病菌聚集在叶片背面,故应把喷头朝上,并伸向叶内喷洒,使叶片背面、正面都有药液均匀分布;红蜘蛛、白粉虱、蚜虫等害虫常潜伏或产卵于叶片背面,故喷药的重点部位应是叶片背面;白

图 4-3-13　有意重喷造成的药害

粉虱等迁飞活跃的害虫,在清晨有露水时活动迟缓, 此时有利于喷药灭杀;瓜菜作物灰霉病,主要发生在花果、茎秆部位,可采用局部喷药。四是喷雾时间要得当。深秋至早春喷药,要选择在晴天上午作物叶片、果实上无露水时喷雾, 喷后还要增温排湿,下午不宜喷药,十分忌讳在雨、雪及阴天喷雾;其他季节,喷药也要避开高温时段。五要杜绝重喷。保持均匀喷雾,病虫严重处有意重喷,极易发生药害(如图 4-3-13)。

2. 粉尘施药　粉尘用药法就是用喷粉器将粉尘剂喷洒在室内, 使其形成飘尘,增加在空气中的悬浮时间,在瓜菜表面有更多的沉积量,从而提高防效。药械可用丰收 5 型或 10 型喷粉器。喷粉作业时由里往外,人要退行,均匀摇动把柄。施药在早晨或傍晚为宜,早晨用药应有一定的沉积时间,约 1 小时后开温室为宜。如5%百菌清粉尘,可防治灰霉病、炭疽病、黑斑病、菌核病、叶斑病;7%叶霉净粉尘,可防治番茄叶霉病。注意:可湿性粉剂不能用于温室喷粉。

3.烟雾施药　烟雾法是利用烟雾剂燃烧所产生的烟雾将药剂随烟雾分散到植株体或病虫体上的一种施药方法。如 45%百菌清烟雾剂亩用药量为 200~250克,可防治黄瓜霜霉病、番茄早疫病等病害;20%速克灵烟雾剂亩用量为 300 克,可防治瓜菜灰霉类病害。

(1)优点　与叶面喷雾的其他剂型农药相比,烟雾剂有以下优点:一是能解决温室在连阴雨雪天不能通过常规喷雾法来防治病虫害的问题。温室内湿度过大会诱发霜霉病、晚疫病、灰霉病、疫病等病害的发生,尤其是深秋至早春季节,最易形成低温、高湿环境,若遇连阴雨雪天气,病害最易发生、蔓延。施用烟雾剂可避免湿度进一步加大, 从而减少喷雾带来的不利影响。二是烟雾剂施药均匀,"无孔不入",可有效缓解温室内的死角问题。在温室内,烟雾剂通达性好,渗透力强,能弥漫温室内各个角落,能达到最佳的防治效果,而且一般不会使病虫害产生抗药性。三是省工省时,使用方便,用药成本低。使用烟雾剂防治病虫害不需要器械,操作者点燃后即可离开,劳动强度低。

（2）施药技术

一要把握好熏蒸时间。温室一般在傍晚将烟剂放地上，点燃后引致发生烟雾。为防止烟雾气流干扰和飘出，烟雾放置后，由里向外逐个点燃，并密闭温室过夜（如图4-3-14），第二天早晨打开温室风口换气后，再从事正常的农事操作。不少农户认为烟雾剂熏蒸的时间越长效果会更好，其实是不对的。不同的烟雾剂，其熏蒸的时间不同，一般是4~10小时；同一种烟雾剂在不同种类的蔬菜上使用，其熏蒸时间也不尽相同，与杀菌烟雾剂相比，杀虫烟雾剂发烟量大，浓度高，要注意短时熏蒸，一般4~5小时即可。杀菌烟雾剂的熏蒸时间最长也不

图4-3-14　连阴天宜用烟剂熏防

要超过10小时。冬季夜长，点燃烟剂时间不宜过早，最好在晚上10时后。

二要严格掌握用药剂量。因为烟雾剂是靠有效成分点燃后散发的烟雾的上升来防治病虫害的，所以其使用剂量应该按温室的长度（间数）确定用药量。常见的蔬菜耐药程度依次为：辣椒＞茄子＞苦瓜＞番茄＞黄瓜＞芸豆。用药剂量偏大，这是农户使用烟雾剂出现药害的最为重要的原因。当植株长势弱时，其抗药能力大大降低，此时最好不用或减量使用烟雾剂，否则易出现药害。刚浇过水的温室，室内湿度较大，此时使用烟雾剂效果好，不易出现药害；相反在干燥的温室内熏蒸极易发生药害。

三是烟雾剂不要混配使用。烟雾剂宜单用，当温室内既有病害又有虫害时，不少农户为图省事，在同一个晚上，把杀菌烟雾剂、杀虫烟雾剂都点燃，想一举两得。殊不知，其用量无疑是翻了一番，出现药害也在所难免了。

四是有风时最好不要使用。如果外界风速比较大，就会有较强的气流通过门口、放风口等处空隙进入温室，该气流在温室内的流向，就是容易出现药害的地方。许多农民在使用烟雾剂时，极容易忽视这一问题。

注意事项：所有定型和混配的烟剂均不再稀释使用；深秋至早晨气温低时烟剂易发潮而影响正常燃烧发烟（如图

图4-3-15　烟剂发潮难以正常燃烧

4-3-15),应晒(烘)干后再用;黄瓜等作物苗期不宜用烟剂,否则易发生药害;烟剂点燃后应放置在走道,若放到作物行间也易熏伤叶片(如图 4-3-16)。

图 4-3-16 作物行间布放烟剂会熏伤叶片

图 4-3-17 撒施毒土

4.土壤处理 将药剂施到土壤里,达到消灭土壤中病菌、害虫和杂草目的的一种施药技术。将药剂兑水均匀地喷洒地表或配制成毒土均匀撒施后随即翻耕,使药剂分散到土壤耕层内(如图 4-3-17)。也可用药剂喷拌营养土。如定植前,每亩可用 50%甲基托布津可湿性粉剂 2 千克,与干土拌匀后撒入土壤中进行消毒。防治蔬菜根结线虫病可用 10%福气多(噻唑膦)颗粒剂播前土壤处理(详细使用方法见根结线虫病害防治

内容)。防治番茄溃疡病等细菌性病害,可于定植前每亩用硫酸铜 3~4 千克撒施处理土壤。土壤处理要使药剂均匀混入土壤中,与植株根部接触的药量不能过大,以防药害发生。苗床土消毒方法:苗床土配好、过筛后,用 72.2%普力克水剂 20~40 毫升加 40%乐斯本 30 毫升或 50%辛硫磷乳油 50 毫升,溶于 1 喷雾器水(15 千克)中,搅匀后喷拌 1 立方米营养土

图 4-3-18 拌苗床土

（如图 4-3-18）。用这样的消毒苗床土
装营养钵（如图 4-3-19）或铺在育苗畦
上，可有效预防苗期猝倒病、疫病和地
下害虫的为害。

图 4-3-19　**装营养钵**

　　5.药剂灌根　直接向植株根部浇灌
药液的一种局部施药技术（如图 4-3-
20 至图 4-3-22）。如作物定植后，结合
其他病害的预防，随即用 70%艾美乐水
分散粒剂 1 袋（5 克）加 70%安泰生可
湿性粉剂 1 袋（25 克）加 72.2%普力克
水剂 1 袋（20 毫升）兑水 15 千克灌根，可防病、治虫、补锌、促根。又如瓜、菜作物
生长期间，发现有根结线虫危害，可用 70%艾美乐 5 克加 70%安泰生 1 袋（25 克）
兑水 15 千克灌根，连续灌 3 次，间隔期 30 天，可达到显著的防病、增产效果。灌根
要求：每株至少灌一纸杯药液，1 桶药液（15 千克）灌 3～4 垄。

图 4-3-20　**"药水坐窝"，即先灌药、再定植**

图 4-3-21　**正确的灌根方法**

　　6.药剂浸蘸　浸蘸法就是
将药剂加水稀释后，通过种子浸
种、苗木蘸根、植株蘸花来预防
病虫、促根促芽和保花保果。
　　（1）浸种　瓜菜作物播种或
育苗前必须对种子进行严格的
消毒处理。番茄、西葫芦等种子
先用清水浸泡 3～4 小时，再用
10%磷酸三钠溶液浸泡 20 分钟

图 4-3-22　**不正确的灌根方法**

（如图 4-3-23），捞出洗净，可防治病毒病。黄瓜、茄子等种子用 50%多菌灵可湿性粉剂 500 倍液浸种 1 小时，可防治真菌病害。

（2）蘸根　瓜菜作物定植时，用 50%多菌灵可湿性粉剂 500 倍液或用 72.2%普力克水剂 1 袋(20 毫升)加 0.136%碧护 2 克，兑水 15 千克蘸根，可防病、促根、壮苗。

（3）蘸花　使用番茄灵等植物生长调节剂处理花穗，可提高番茄的坐果率。如在配好的 1 千克溶液中加入 3 毫升 40%

图 4-3-23　药剂浸种

施佳乐悬浮剂蘸(点、喷)花可预防灰霉病(如图 4-3-24 至图 4-3-26)，也可用 40%施佳乐悬浮剂 10 毫升兑水 2 千克浸蘸黄瓜、西葫芦的花(如图 4-3-27)。值得注意的是，在生产中不推荐使用 2,4-D 保花保果。

图 4-3-24　药剂点番茄花

图 4-3-25　药剂喷番茄花

图 4-3-26　药剂蘸番茄花

图 4-3-27　施佳乐药液浸蘸黄瓜花，预防灰霉病

7.药剂涂抹 将内吸性的高浓度药液(也可加入矿物油),涂抹在植物茎上,使植物内吸这些药剂后达到防治病虫的目的。

方法1 辣椒、番茄定植7天后,用68.75%银法利悬浮剂1袋或2农药瓶盖(25毫升)兑水1.5~2.0千克,与面粉配成糊状,用毛笔涂抹地表以上1~2寸茎部周围,预防辣椒疫病、番茄茎基腐病效果很好(如图4-3-28、图4-3-29)。

图4-3-28 配制糊状药液

图4-3-29 用毛笔或小排笔涂抹茎基部周围

方法2 番茄晚疫病茎秆初发病时,可用68.75%银法利悬浮剂1袋或2农药瓶盖(25毫升)兑水1.5~2.0千克溶解后,与面粉调制成糨糊状,轻轻刮掉病斑上的疤痕后,将糊状药液均匀涂抹其上即可(如图4-3-30、图4-3-31),救治效果显著优于其他药剂。

图4-3-30 轻轻刮掉初发病斑上的疤痕

图4-3-31 用毛笔仔细涂抹糊状药液

方法3　番茄、辣椒的茎蔓、叶柄感染灰霉病初期,用40%施佳乐悬浮剂1支(15毫升)兑水1.5～2.0千克,与面粉调制成糊糊状,轻轻刮掉病斑上的疤痕后,将糊状药液均匀涂抹其上即可,可有效控制病部发展(如图4-3-32、图4-3-33)。

图4-3-32　刮掉病斑　　　　　　图4-3-33　施佳乐糊状药液涂抹病部

方法4　瓜类蔓枯病、番茄早疫病茎蔓初发病斑,可用75%拿敌稳水分散粒剂1袋(5克)或43%好力克悬浮剂1袋(6毫升)兑水1.5～2.0千克,与面粉配制成糊状,刮掉病疤后涂抹患处。

(六)合理使用农药

1.对症用药　农药种类很多,每种农药都有各自的防治对象。在使用某种农药前,一是要确诊作物发生的是什么病害、什么虫害。如果自己确诊不了,最好通过热线电话向专家、技术人员咨询,并请他们到温室诊断指导。二是必须了解选用农药的性能、使用范围及注意事项,做到对症下药。就杀虫剂来讲,胃毒剂只对菜青虫、小菜蛾等咀嚼式口器害虫有效,但防治蚜虫、蓟马等刺吸式口器害虫则无效;安泰生(丙森锌)等保护剂主要用于预防,病害发生前使用最好;治疗剂在病害发生初期使用效果则最佳。不论是杀虫剂还是杀菌剂,并不是哪个虫、哪个病都能防、都能治。如扑虱灵对白粉虱若虫有特效,而对同类害虫蚜虫则无效;抗蚜威对桃蚜有特效,防治瓜蚜(棉蚜)效果则差;银法利对各种蔬菜霜霉病、晚疫病、疫病、绵疫病、猝倒病等高效,但不能用于防治白粉病、早疫病等;拿敌稳(肟菌酯·戊唑醇)对白粉病、叶霉病、叶斑病、炭疽病、早疫病、蔓枯病、锈病等高等真菌病害防治效果显著,但不能用于防治霜霉病、晚疫病、疫病等低等真菌病害。

2.适期用药　由于温室环境条件非常有利于病虫害的发生,药剂预防、救治防治要突出一个"早"字。如预防枯萎、根结线虫等土传病害,应注重定植前的土壤处理;预防病毒病、溃疡病等种子也可带菌的病害,应注重育苗前的种子消毒或药剂拌种;预防苗床病虫害,可用 70%安泰生 1 袋(25 克)加 72.2%普力克 1 袋(20毫升)加 70%艾美乐 5 克,兑 1 喷雾器水喷淋(如图 4-3-34、图 4-3-35);定植 15

图 4-3-34 苗床洒施药剂

图 4-3-35 苗床药剂喷淋

天左右,即可用安泰生等保护性药剂喷雾预防;当蚜虫、螨类点片发生,白粉虱低密度时可采用局部施药;防治霜霉病、晚疫病等气流传播病害,应在初见发病中心时先局部封锁处理控制。不同的农药防治适期也不一样。如生物农药作用较慢,使用时应比化学农药提前 2~3 天。70%安泰生(丙森锌)可湿性粉剂属保护性杀菌剂,未发病前使用既能防病又能补锌,防病壮苗(秧)效果很好;24%螨危(螺螨酯)悬浮剂的速效性较差,但持效期可达 50 天以上,最好于害螨发生前或零星发生初期喷药,与速效性好的 8%中保杀螨(阿维·哒)乳油混用控害效果更好。

3.科学混配 实践证明,单一用药易出现"摁下葫芦瓢又起"的问题,不利于多种病虫害的综合控制。采用科学合理的农药混用,可达到一次施药控制多种病虫危害的目的,甚至可以增加药效和减轻抗药性、药害等农药副作用,既高效又省工省时。科学混配的原则:保持原药有效成分稳定或有增效作用、不产生剧毒并具有良好的物理性状。如扑海因(异菌脲)不能与速克灵、乙烯菌核利混用或轮用;速克灵不宜与有机磷农药混配;含铜制剂不能与防治真菌性病害的药剂、叶面肥混用(46.1%可杀得叁千可混用);植物动力 2003 不能与任何农药、叶面肥混用(如图 4-3-36);乙膦铝加代森锰锌或多菌灵、施佳乐加扑海因、安泰生加好力克等多种药剂(铜制剂除外)混用能提

图 4-3-36 植物动力 2003 与农药混用引致的药害

高预防、救治效果。值得强调的是,喷施农药最好不要盲目混加叶面肥。因为叶面肥的成分比较复杂,多数是大、中、微量元素的混合物,也有不少叶面肥还混有激素和助剂。含有的金属离子以钾、锌、锰、铜等居多。如此多的金属元素一旦遇到碱性农药、抗生素农药或伪劣农药,就会产生反应,出现不同程度的混浊沉淀和分层现象。这种药肥混合物一旦喷到瓜菜作物上,轻者导致药剂失效,重者使瓜菜作物生长点萎缩,或类似激素过量症状,有时还会引起作物中毒(如图4-3-37、图4-3-38)。

图4-3-37　药肥不合理混用使辣椒叶片皱缩、心叶不发、叶缘焦枯

图4-3-38　药肥不合理混用使辣椒叶片布满褐斑

4.轮换用药　提倡不同剂型、种类的农药合理轮换使用,以免病虫产生抗药性。如菊酯类杀虫剂、甲霜灵连续使用易使虫、病产生抗药性,应与其他类型的杀虫剂或杀菌剂交替使用。防治白粉、灰霉、霜霉、晚疫等病害的药剂,也应交替使用,以提高其防治效果。

5.正确选择施药部位　施药时要根据不同时期不同病虫害发生的特点,有针对性地确定施药点和植株施药部位,减少用药,提高防治效果。如霜霉病、晚疫病通常首先在棚室的前部(南端)作物上发生,所以应及时在前部作物上喷药预防。霜霉病、白粉病的发生是由下部叶片向上发展,早期防治霜霉、白粉病的重点在下部叶片(注重叶片背面施药),可以减轻上部叶片染病。蚜虫、叶螨、白粉虱、蓟马等害虫栖息在幼嫩叶子的背面,蓟马还常群聚在辣椒、西葫芦盛开的花朵中,因此喷药时必须均匀,喷头向上,重点喷叶背面。

6.遵守施药安全间隔期　最后一次使用农药的日期距离蔬菜采收日期之间,应有一定的间隔天数,防止蔬菜产品中残留农药。通常的做法是夏季至少为

6～8天,春秋季至少为8～11天,冬季则应在15天以上。同时要根据使用农药的安全间隔期,确定下次的喷药时间。

(七)安全用药

1.作物药害与治理　使用农药的目的,是为了防治病虫害,保证作物的高产,是属于救灾性生产过程。但由于不正确地使用农药之后,使被保护的作物的正常生长发育或生理功能遭到破坏,从而降低作物产量,并使瓜、果、菜的品质(如色泽、风味、形状等)降低,这种现象称为农药药害。目前,许多人只认识或关注表现症状明显的急性药害(指在施药后几个小时至几天内表现出异常现象,如落叶、落花、落果、枯萎、烂根、褪色,甚至死亡),但对发生普遍、隐蔽性强、表现症状不明显、隐性损失大的慢性药害(指在施药后较长一段时间内才表现出异常现象)的危害性尚未认识到。温室环境特殊,施药频繁,药害也最易发生。药害的原因虽然较为复杂,但主要是使用不当引致的药害。如为求高效、速效,或贪图利益,许多农药经销商有意加大农药用量,使药害频发。尤其是多种农药混用、农药与微肥混用、杀菌剂和植物生长调节剂喷雾浓度过高时,极易发生药害。也有不少农户在喷药中,遇到发病中心或害虫多时,往往会重复喷药,这也存在极大的隐患;还有的将喷剩下的药液放置几天以后再喷,也易发生药害。

(1)药害预防措施　防止药害应坚持预防为主,防患未然的原则,若发生严重药害后,幻想着依靠作物自行补偿或人为补偿措施,都是徒劳的。因此,必须综合考虑各种因素,预防在先。

一是充分了解药剂性质,选用药剂是否对路,了解所用药剂使用注意事项。不能任意提高用药量和改变使用方法。

二是充分了解药剂质量,如可湿性粉剂和悬浮剂的悬浮率降低、乳油稳定性差,有分层,大量沉淀或析出许多结晶等,粉尘含水量过高(分散不匀)都会产生不同程度的药害。

三是提高药剂配制及施药水平,注意配制方法(如波尔多液、石硫合剂的调配,稀释时要用饮用水),严格控制使用剂量和浓度。如黄瓜等作物喷药时不要"盖顶喷药",尽量避免将药液直接喷洒到作物头上,以免发生药害(如图4-3-39)。

图4-3-39　黄瓜收头

　　四是注意被保护作物种类及不同生育期的特点，掌握对药剂敏感的作物种类及作物不同生育期的耐药能力，选择适宜的药剂品种和剂量。如瓜类作物对硫制剂敏感，生长期间用硫黄熏烟或喷施"多·硫"等复配制剂容易产生药害（如图4-3-40）。杀菌剂"丙环唑"对白粉菌等病菌的生物活性非常高，但也是三唑类杀菌剂中属于对作物抑制作用非常明显的药剂种类之一，喷施"丙环唑"单剂（如敌力脱）或复配制剂（如爱苗等），易使辣椒叶色变得深绿、叶片变得厚而脆（如图4-3-41），直

图4-3-40　多·硫悬浮剂使用不当使黄瓜叶片老化呈"降落伞"

图4-3-41　丙环唑使用不当引致的药害

接影响新叶发生和光合作用；黄瓜上最明显的是节间变短；如果在葡萄果实膨大期使用，经常会出现果实膨大受到抑制的情况。有经验的菜农都知道，如果在茄子上喷施了一次含"代森锰锌"的农药后，本来绿油油的叶片就变得暗淡无光了，植株中下部的叶片也变老、发黄，有的叶脉发黄，若连续使用多次会造成严重落叶。这是因

图4-3-42　早晨作物叶片有露水时不宜喷药

为茄子对锰元素特别敏感，凡是含"代森锰锌"成分的单剂及其复配制剂，如杀毒矾（恶霜·锰锌）、金雷（精甲霜·锰锌）、克露（霜脲·锰锌）等都有这方面的副作用，不要过量、过频使用。

　　五是注意施药时的环境条件。深秋至早春季节，夜间气温寒冷，温室内温度较低，作物茎秆、叶片、果实上容易结露（如图4-3-42）。清晨刚拉起草帘或棉被后，作物上露水很大，这时不宜施药，否

则药液会随露水大量流淌,影响防治效果。中午高温(30 ℃以上)、强烈日光照射,或相对湿度低于50%时,也不宜喷药,否则容易发生药害(如图4-3-43)。

六是农药混用时,注意所用混配药剂的使用范围,混用后是否影响有效成分的化学稳定性或破坏药剂的物理性能。目前,农户为图省事或因识不准

图4-3-43　高温喷药易发生药害

图4-3-44　多种农药与微肥混用造成的药害

病,盲目将多种农药(真菌性杀菌剂、细菌性杀菌剂、杀虫剂、杀螨剂、激素等)、微肥混用喷施,药、肥混用不当造成的药(肥)害问题(如图4-3-44)时有发生,且日趋严重,应引起我们的重视。

七是要合理使用植物生长调节剂和叶面肥。植物生长调节剂较低浓度就具有植物激素的活性,但不同的生长调节剂都有专门的作用和特定的使用时间,不能任意提高浓度、增加剂量、增加使用次数,若把其当做"万能药"而乱用、滥用,极易发生药害,造成减产和果实失去商品价值。有的肥料生产厂商,为提高叶面肥的效果,违规加入激素,频繁喷施也易发生药害。值得注意的是,植物生长调节剂和含有激素的叶面肥使用不当引致蕨叶症状似病毒病(如图4-3-45),诊断不准又频繁喷施防病毒的药剂及生长调节剂,会使症状更严重,甚至无法救治而提前拔掉改种(如图4-3-46)。

图4-3-45　使用激素或微肥不当引致的"假病毒"

图4-3-46　"假病毒"严重,很难调理

八是对当地未曾用过的农药,在施用前必须进行小面积的药害试验,找出适宜的作物、用药安全剂量、使用方法和使用时期后,才能使用。

九是对丢失标签,不能肯定是哪类品种的药剂,绝对不能使用;对无生产许可证、无商标或未经国家审批登记的假冒伪劣农药,也不能使用。

十是喷雾器最好专用,喷雾后应彻底清洗;在大田喷过除草剂的喷雾器,温室内不要放置,更不能用于喷药;喷雾要均匀周到,对病虫危害重的部位也不要重喷,以防发生药害;喷剩的药液可用于灌根,但不要重喷,也不要放置几天后再喷,否则易发生药害。

(2)药害救治措施　药害发生严重时,在考虑二次药害的前提下,及时补苗或改种,不要因一味追究责任而再延误农时。在药害不严重的情况下,可采取以下措施调理救治。

一是灌水排毒。对因土壤施药过量造成的药害,可灌水洗土,排除毒物,减轻药害。

二是喷水冲洗。喷错农药或发生药害后,若发现得早,药液未完全渗透或吸收到植株体内时,可迅速喷淋清水,洗净受害植株表面药液。如果是酸性药剂造成的药害,喷水时可加入适量草木灰或0.1%的生石灰;碱性药剂造成的药害,喷水时可加入适量食醋。

三是足量灌水。满足作物根系大量吸水,增加细胞水分,从而降低作物体内药物的相对含量,起到一定的缓解作用。

四是喷施肥料或调节剂。药害发生初期,用0.136%碧护(赤·吲乙·芸)可湿性粉剂1袋(2克)加70%安泰生可湿性粉剂1袋(25克)兑1喷雾器水喷雾,过5~7天,再用海绿素1袋(15毫升)加磷钾动力1袋(20克),兑1喷雾器水喷雾调治。

五是追肥促长。结合灌水追施速效肥,促进瓜菜作物生长,提高瓜菜作物自身抵抗药害能力。

六是局部摘除。对果实或根茎局部涂药或施药受害,可摘除药害果实(如图4-3-47)或被害茎蔓。如主茎(秆)产生药害还应结合施用中和缓解剂或清水冲洗消毒。

2.环境污染预防

(1)推广超低量喷雾等精准施药技

图4-3-47　点花液浓度过大引致的顶裂果

术,提高防治效果,减少施药次数。

(2)喷药后的作物不能马上采收,应按国家农药安全使用规定中各种农药品种的安全间隔期,在收获前一定的天数内停止用药,确保农产品中的农药残留量不超标。

(3)过期农药、农药废弃包装物及喷雾器内剩余的药液要妥善处理(深埋或烧毁),不可在井口、水渠旁清洗喷雾器。

(4)在购买、运输、贮存农药过程中,要轻拿轻放,以防破碎;剩余农药要保证标签完整,妥善保管,禁止与粮、油、食品、蔬菜、瓜果、饲料混运混存,并远离火源。

3.施药安全防护与中毒救治

(1)施药安全防护措施

一是喷雾前,应检查喷雾器械是否有"跑、冒、滴、漏"现象;不要用嘴去吹堵塞的喷头,应用牙签、草秆或清水来疏通喷头。

二是施药人员应是青壮年,身体不适时不要喷雾;老、幼、病弱者和经期、怀孕期、哺乳期妇女不要喷药。

三是调配农药时,应戴橡皮手套、口罩、眼镜,严禁赤手加药、拌药。

四是喷洒农药时,要戴手套、口罩、眼镜,穿塑料雨衣、长筒鞋(如图4-3-48);喷药期间,不要吸烟、喝水、吃食物,更不能喝酒;在喷药中不慎触及药液应迅速用肥皂水或清水洗净,若进入眼部应立即用食盐水(食盐9份,水1000份)清洗;施药结束后,要及时换掉防护衣物,用肥皂水清洗手、脸和皮肤,方可进行其他活动;被污染的衣物和器械应彻底清洗干净后再存放。

图4-3-48 喷雾时要注意自身防护

五是施药人员喷雾时间不能过长,每天喷雾时间不要超过6小时(温室内喷药时间不超过3小时),连续施药不能超过3天;施药过程中如出现乏力、头昏、恶心、呕吐、皮肤红肿等中毒症状,应立即离开现场,脱去被农药污染的衣服,用肥皂水清洗身体,中毒症状较重者要立即送医院治疗。

六是喷药后的温室,应立警戒标志,尤其是瓜、果、菜采收期应插红牌,以防儿童或他人误食。

(2)农药中毒救治措施　及时现场抢救可挽回一些危重中毒病人的生命,减轻中毒症状,防止并发症的发生,为进一步治疗奠定基础。感到有中毒症状或发现人员中毒后,要及时离开中毒环境,迅速脱去被农药污染的衣服,用微温的肥皂水(敌百虫中毒忌用)或清水(不能用热水,因热水可扩张血管,加速农药吸收)清洗被污染的皮肤、毛发、指甲、耳、鼻等。眼部污染者应及时用清水反复清洗;经口中毒者要及时彻底催吐(但对昏迷病人禁用),一般棉棒、手指等办法刺激中毒者咽后壁使其呕吐,也可用浓盐水、肥皂水催吐(敌百虫中毒忌用)。病情严重者要及时送医院救治。

四、常用农药简介

(一)乐斯本

乐斯本的通用名称为毒死蜱。中等毒性,具有胃毒、触杀、熏蒸作用,在土壤中残留期长,对地下害虫防治效果好。防治地下害虫每亩用5%颗粒剂2～3千克拌细干土20～50千克进行土壤处理,或用40%乳油30毫升,兑水15千克灌浇。不能与碱性农药混用。

(二)艾美乐

艾美乐的通用名称为吡虫啉。具有剂型先进、内吸性强、持效期长、适用范围广、活性高、毒性低等特点,对蚜虫、蓟马、白粉虱等刺吸式口器害虫防效显著,尤其对根结线虫具有优异的预防、救治效果,是目前灌根防治根结线虫的最佳药剂;同时具有"逆境屏蔽"作用,可提高作物抗逆性,促根壮苗(秧)。防治蓟马、蚜虫、白粉虱,可用70%艾美乐水分散粒剂2～5克,兑1喷雾器水喷雾,与敌杀死混配使用,效果更佳;灌根每15千克水加70%艾美乐水分散粒剂5克,并加70%安泰生可湿性粉剂1袋(25克),可促根、补锌、防病、灭虫。

(三)敌杀死

敌杀死的通用名称为溴氰菊酯,又名凯素灵、凯安保等。是高效、广谱的拟除虫菊酯类杀虫剂,对人、畜毒性中等,对害虫以触杀和胃毒作用为主,有一定的驱避和拒食作用,无内吸和熏蒸作用。对鳞翅目幼虫和蚜虫高效,但对螨类害虫无效。防治蚜虫可用2.5%敌杀死乳油2～3支(每支4毫升),兑1喷雾器水喷雾,残效期可达10～15天。与艾美乐混配使用,效果更佳。不可与碱性农药混用。

(四)阿克泰

阿克泰的通用名称为噻虫嗪。是一种结构全新的高效、低毒、广谱性烟碱类杀虫剂兼具胃毒及触杀活性。施药后,可被作物根或叶片迅速内吸,并传导到植株各部位,对蚜虫、白粉虱、蓟马等刺吸式害虫有较好的防效。由于其对害虫活性机理与传统杀虫剂不同,因此无交互抗性问题。用25%阿克泰水分散粒剂1包(2克)

兑 1 喷雾器水均匀喷雾、灌根。

（五）菜喜

菜喜的通用名称为多杀霉素。是从放射菌代谢物提纯出来的生物源杀虫剂，毒性极低。可防治小菜蛾、甜菜夜蛾、蓟马等害虫。喷药后当天即见效果，杀虫速度可与化学农药相媲美，非一般的生物杀虫剂可比。防治温室辣椒等作物上的蓟马，可于发生初期用 2.5%菜喜悬浮剂 1 袋（15 毫升），兑 1 喷雾器水均匀喷雾，重点喷施幼嫩组织如花、幼果、顶尖及嫩梢等。

（六）螨危

螨危的通用名称为螺螨酯。是一种全新的高效内吸性叶面处理杀螨剂，与其他现有的杀螨剂之间无交互抗性。具有杀螨谱广，对卵和幼（若）螨特效；持效期长，一般可达 50 天以上；可以和现有的杀螨剂混用，提高其速效性，有利于害螨抗性治理等特点。瓜类、蔬菜、葡萄等作物害螨为害早期，可用 24%螨危悬浮剂 1 袋（10 毫升）兑 2 喷雾器水全株喷雾防治。一个生长季节施用螨危 2 次即可；与其他速效性快的杀螨剂（最好用含有"阿维·哒"成分的药剂，如中保杀螨）混用，速效性和持效性更加显著。

（七）中保杀螨

中保杀螨的通用名称为阿维·哒。是高效、低毒、广谱的杀螨剂，速效性好，持效性强，对螨类具有胃毒和触杀作用。螨类发生前或发生初期，可用 8%中保杀螨乳油 10 毫升兑 1 喷雾器水喷雾。螨类密度高时，最好与持效性长的 24%螨危悬浮剂、73%克螨特乳油混配，控害效果更加显著。

（八）克螨特

克螨特的通用名称为炔螨特。属低毒广谱性有机硫杀螨剂，具有触杀和胃毒作用及良好的选择性，对成螨、若螨有效，对蜜蜂和天敌安全，而且药效持久、毒性很低。可防治各种螨类，尤其对其他杀螨剂较难防治的二斑叶螨有特效。克螨特已使用 40 多年，至今没有发现抗药性，并在任何温度条件下都是有效的，而且在炎热的天气下效果更为显著。叶螨发生初期，用 73%克螨特乳油 10 毫升，兑 1 喷雾器水均匀喷雾；叶螨发生较重时，用 73%克螨特乳油 15 毫升，兑 1 喷雾器水均匀喷雾。因该药无渗透作用，故喷雾应力求均匀周到。

（九）亩旺特

亩旺特的有效成分是螺虫乙酯。是一种高效内吸且双向传导的全新化合物。化学结构式新，与现有杀虫剂无交互抗性，对抗性害虫特效；与典型的内吸性杀虫剂不同，除了可以在木质部向上运输外，还可以在作物韧皮部向下运输，是目前唯一具有双向内吸传导作用的杀虫剂，让害虫无处可逃；持效期长，可以提供对作物长达8周的保护;防治谱非常宽,对螨类、蚧壳虫、木虱、粉蚧及蚜虫、蓟马、白粉虱特效;急性慢性毒性、环境生物毒性均为低毒。由于亩旺特可随作物的生长传导到新叶中,在育苗、移栽前用24%亩旺特悬浮剂3毫升兑1喷雾器水喷雾,可以保护蔬菜在2个月内无虫害,培育无虫苗;叶螨、蚜虫、蓟马严重的蔬菜(如西瓜、人参果、茄子、辣椒)、花卉在害虫初发生时用5毫升,兑1喷雾器水喷雾,可对作物提供2个月的保护。速效性慢,虫害较重时使用,应与速效性强的药剂混用。

（十）斑潜净

斑潜净的通用名称为阿维·杀虫咪。是一种新型、高效、低毒,防治斑潜蝇的特效药剂。对斑潜蝇幼虫、成虫效果好,兼有杀卵作用;渗透力强,防治速度快,持效期长;配方先进,剂型以水为溶剂的微乳剂,不易燃、毒性低、不易产生抗性、环境相容性好。对美洲斑潜蝇、南美斑潜蝇及其他潜叶蝇的防治效果优异,亦可有效防治螨类、蚜虫、小菜蛾、甜菜夜蛾、菜青虫等多种害虫。每喷雾器水加20%斑潜净微乳剂2袋(16克)喷雾,施药最佳时期为害虫发生前期或初期,施药间隔期5～7天,连续用药2～3次。

（十一）阿维菌素

阿维菌素又名齐墩霉素、害极灭、齐螨素、杀虫素、虫螨广等。是高效、低毒、广谱的杀虫、杀螨抗生素,对昆虫和螨类具有胃毒和触杀作用。防治斑潜蝇可用1.8%阿维菌素乳油6毫升,兑1喷雾器水于卵孵高峰期喷雾;防治螨类可用1.8%阿维菌素乳油3毫升,兑1喷雾器水于若螨高峰期喷雾。配好的药液应当日使用,尽可能在清晨阳光较弱时施用,以免光解。

（十二）福气多

福气多的通用名称为噻唑膦。是具有触杀及内吸传导性能的新型高效、低毒杀线虫剂,持效期可达2～3个月。种植前每亩用10%颗粒剂1.5～2.0千克,拌细土60～80千克,均匀撒施于土表,再翻入15～20厘米耕层,也可均匀撒施于沟内或定植穴内,再浅覆土,施药后当日即可播种或定植,并尽量缩短施药与播种、定植的间隔时间。

（十三）安泰生

安泰生的通用名称为丙森锌。对霜霉病、早疫病、晚疫病、炭疽病等多种病害具有良好的预防效果;含锌量15.8%,其提供的有机锌极易被作物通过叶面吸收和利用,锌元素渗入植株的效率比无机锌高10倍,可快速消除作物缺锌症状,促进光合作用、愈伤组织形成、花芽分化授粉受精,提高作物抗旱、抗寒、抗病能力,减少弯瓜。可于定植缓苗后,用70%安泰生可湿性粉剂1袋(25克)兑1喷雾器水均匀喷雾,7～10天喷一次,可连续施药多次。除铜制剂和强碱性农药外,可与绝大多杀虫剂或杀菌剂混用。丙森锌属多点位作用的保护性杀菌剂,安全性好,连续多次使用不会产生抗药性。

(十四)普立克

普立克的通用名称为霜霉威盐酸盐。属低毒、内吸性的卵菌纲杀菌剂,具有剂型先进、内吸性强、持效期长、适用范围广、活性高、剂量低、施药灵活、效果明显的特点,可将72.2%普力克水剂1～2袋(20～40毫升)溶于1喷雾器水中,搅匀后喷拌1立方米营养土;也可用72.2%普力克水剂1袋(20毫升),兑1喷雾器水喷洒幼苗和床面,或于移栽前浸根、移栽后灌根。

(十五)达科宁

达科宁的通用名称为百菌清。属非内吸性的保护性广谱杀菌剂,对瓜类、蔬菜和葡萄的主要真菌病害如霜霉病、疫病、晚疫病、炭疽病、叶霉病、早疫病、白粉病、黑痘病、白腐病等都有很好的预防作用。可以和几乎所有的常用农药现混现用,长期使用也不会出现抗药性问题。定植缓苗后,用75%达科宁可湿性粉剂1袋(100克),兑3喷雾器水叶面均匀喷雾,间隔期7～10天,可与安泰生、阿米西达等保护性药剂轮换使用。不能与石硫合剂、波尔多液混用。

(十六)阿米西达、翠贝

阿米西达、翠贝的通用名称为嘧菌酯。具有预防保护、内吸治疗和抑制病菌孢子产生的多重作用;可防治多种瓜类、蔬菜、葡萄的霜霉病、疫病、晚疫病、炭疽病、蔓枯病、白粉病、早疫病、叶霉病、黑星病、黑痘病、白腐病等病害。可于发病前、发病初期,用25%阿米西达悬浮剂1袋(10毫升)、或50%翠贝水分散粒剂1袋(5克),兑1喷雾器水叶面均匀喷雾;整个生长季节喷施次数不要超过4次,应与其他杀菌剂交替使用;不要与乳油类农药和增渗剂混用。

(十七)银法利

银法利的通用名称为氟菌·霜霉威。属全新类型的有效防治卵菌纲病害的杀菌剂,具有预防与治疗作用。瓜类、蔬菜霜霉病、晚疫病、疫病、绵疫病预防,可于发病前用68.75%银法利悬浮剂半袋(12.5毫升)兑1喷雾器水喷雾;救治可于发病初期用68.75%银法利悬浮剂1袋(25毫升)兑1喷雾器水均匀喷雾叶背、叶正面,视病情隔7～10天再喷一次,如病害严重,每喷雾器水中加37.5毫升药(1.5袋或3农药瓶盖)喷雾。对于番茄晚疫病、茎基腐病的病茎,可用68.75%银法利悬浮剂1袋(25毫升),加水1.5～2.0千克,与面粉配制成糊状,轻刮病部疤痕后涂抹救治;也可与辣椒、番茄定植7天左右后,用上述方法涂抹地表以上1～2寸茎秆周围,预防辣椒疫病、番茄茎基腐病效果优异。

（十八）抑快净

抑快净的通用名称为恶酮·霜脲氰，是一种低毒、广谱、内吸性杀菌剂，具有保护和内吸治疗作用。防治黄瓜等葫芦科和葡萄霜霉病、番茄和马铃薯晚疫病及早疫病，可于病害发生前、发病初期用52.5%抑快净水分散粒剂1袋（25克），兑2喷雾器水喷雾防治。可与银法利等药剂交替使用。

（十九）金雷

金雷的通用名称为精甲霜·锰锌。具有保护和治疗作用，杀菌谱广，防效突出。可防治各种作物的霜霉病、疫病、晚疫病等。处理苗床营养土每方土加68%金雷100克，搅拌混匀过筛后装营养钵或铺苗床；育苗钵或苗床上发现个别猝倒病苗后，用68%金雷1袋（100克）兑3喷雾器水喷淋苗床；霜霉病、疫病、晚疫病发病前或发病初期，用68%金雷1袋（100克）兑3喷雾器水叶面均匀喷雾；在一个生长季节内施用金雷不超过4次；应与其他作用方式不同的杀菌剂交替喷施；施药应在早晨气温低时进行，空气相对湿度低于65%、气温大于28℃应停止施药。

（二十）甲基托布津

甲基托布津的通用名称为甲基硫菌灵。是一种低毒、广谱内吸性杀菌剂，具有保护和内吸治疗作用。对于瓜类、蔬菜的枯萎病、根腐病具有良好的预防和治疗效果。结合耕翻每亩土壤可用70%甲基托布津可湿性粉剂2千克与干土拌均匀后撒入土壤中进行消毒；也可于发病前或发病初期，用70%甲基托布津可湿性粉剂1袋（100克）兑3喷雾器水喷雾、或灌根，7天1次，连喷2～3次。不能与碱性药、肥及铜制剂混用；连续使用易产生抗药性；不宜与多菌灵轮换使用。

（二十一）克露

克露的通用名称为霜脲·锰锌。霜脲氰有内吸作用，作用机理主要是阻止病原菌孢子萌发，对侵入寄主体内的病菌也有杀伤作用；代森锰锌具有较好的保护作用。霜脲·锰锌具有预防和治疗作用，对于疫霉病、霜霉病、晚疫病、疫病均具特效。于病害初发时，用72%克露可湿性粉剂1袋（100克），兑3喷雾器水喷雾防治，间隔期7～14天，应与其他杀菌剂轮换使用。

（二十二）杀毒矾

杀毒矾的通用名称恶霜·锰锌。低毒，具有接触杀菌和内吸传导活性。防治晚疫类、霜霉类、疫病类、绵疫类、白粉类、褐斑类、褐腐类等病害，可于发病初期1袋（100克）兑2～3喷雾器水喷雾，7～14天喷一次，一季作物最多施用3次。施药应在气温低时进行，不能与碱性药、肥混用。

(二十三)瑞苗清、秀苗

瑞苗清、秀苗的通用名称为甲霜·恶霉灵。低毒、内吸性强,药效持久,可通过根系吸收并在植物体内迅速移动,从而发挥持久药效;杀菌谱广,对土壤真菌病害(枯萎病、根腐病、立枯病)有极其显著的防效。苗床处理:用30%瑞苗清水剂1~2袋(每袋8毫升),兑1喷雾器水喷雾;灌根:30%瑞苗清水剂2袋加水15千克,或3%秀苗水剂1瓶(100毫升)加水45千克灌根,每株至少灌150毫升药液。

(二十四)施佳乐

施佳乐的通用名称为嘧霉胺。具有治疗和保护、内吸与熏蒸作用,是专门用于防治各种瓜类、蔬菜及葡萄、草莓等作物灰霉病的新型杀菌剂。防治效果好,尤其在低温时用药效果也很好。蘸花时可在配制好的1千克蘸花液中加入3毫升40%施佳乐悬浮剂混匀后蘸(点、喷)花;发生初期可用40%施佳乐悬浮剂2支(30毫升)兑1喷雾器水,每隔7~10天喷一次。每季使用不超过3次为宜。最好与扑海因等不同类型药剂轮换使用(施佳乐1支加扑海因1支)。番茄、辣椒灰霉病病茎部可用40%施佳乐悬浮剂1支(15毫升),加水1.5~2.0千克,与面粉配制成糊状药液,刮掉病疤后涂抹救治。

(二十五)扑海因

扑海因的通用名称为异菌脲。是一种低毒、广谱、触杀型保护性杀菌剂,对灰霉病、早疫病、菌核病有特效。在发病初期用50%扑海因悬浮剂1~2支(15~30毫升)、或50%扑海因可湿性粉剂半袋(25克)兑1喷雾器水喷雾,隔10天喷药1次,共喷2~3次。不能与腐霉利、乙烯菌核利等作用方式相同的杀菌剂混用或轮用;不能与强碱性或强酸性药剂混用。可与施佳乐等不同类型药剂轮换使用。

(二十六)凯泽

凯泽的通用名称为啶酰菌胺,属苯胺类杀菌剂,低毒,具有独特抑制病原菌呼吸的作用机制和广谱的杀菌活性,药剂可以通过根部吸收发挥作用且作用迅速,持效期长,对作物安全。防治黄瓜等作物灰霉病,可于发病初期,用50%凯泽水分散粒剂1包(12克),兑1喷雾器水喷雾,间隔期7~10天,应与其他不同作用机制的杀菌剂轮换使用。

(二十七)瑞镇

瑞镇的通用名称为嘧菌环胺。兼具长效的保护和治疗活性的内吸性杀菌剂,对多种作物和葡萄的灰霉病等具有良好的防治效果。发病初期可用50%瑞镇水分散粒剂1袋(15克),兑1喷雾器水叶面均匀喷雾;应与其他类型药剂交替施用,一季作物最多施用3次。黄瓜等瓜类苗期慎用。

（二十八）拿敌稳

拿敌稳的通用名称为肟菌酯·戊唑醇。具有高效、广谱、保护、治疗、铲除、渗透、内吸活性高、耐雨水冲刷、持效期长、使用剂量低、施药窗口较宽、预防和治愈效果优异等特性，适用于作物大部分生育期，能被简单易行的融合到现存的施药方案中，为作物健康、保产增产、提高品质提供出色的保证，可以用于番茄、黄瓜、辣椒、西瓜、人参果等瓜菜作物的白粉病、叶斑病、锈病、早疫病、炭疽病、蔓枯病、叶霉病等多种真菌病害的预防与救治。发病前、或发病初期用75%拿敌稳水分散粒剂1袋（5克）兑1喷雾器水喷雾。幼苗期应减半量使用。一季作物用2～3次为宜。不能与碱性农药混用。

（二十九）好力克

好力克的通用名称为戊唑醇。具有保护、治疗作用，杀菌谱广、活性高、使用剂量低、持效期长，一次用药可同时兼治白粉病等多种高等真菌病害。可于发病初期用43%好力克悬浮剂1袋（6毫升），兑1喷雾器水喷雾，视病情7～10天再喷1次。使用时要严格掌握剂量，蔬菜苗期应减半量使用；不能与碱性农药混用。

（三十）世高、天沐

世高、天沐的通用名称为苯醚甲环唑。低毒、内吸广谱杀菌剂，具有预防保护、内吸治疗和铲除作用，可防治多种瓜类、蔬菜和葡萄的白粉病、早疫病、炭疽病、锈病、叶斑病、白腐病等高等真菌病害，且对作物安全，可以在作物的任何时候施用。病害发生初期用10%世高水分散粒剂1袋（10克）、或10%天沐微乳剂1袋（10毫升），兑1喷雾器水叶面均匀喷雾。间隔期7天，应与拿敌稳、好力克等杀菌作用机制不同的杀菌剂交替使用。

（三十一）特富灵

特富灵的通用名称为氟菌唑。属低毒、广谱性杀菌剂，具有内吸、治疗、保护作用。防治黄瓜等作物的白粉病、叶霉病等病害，可于发病初期用30%特富灵可湿性粉剂1袋（7克），对1喷雾器水喷雾，间隔10天喷第二次药。应与拿敌稳等杀菌作用机制不同的杀菌剂交替使用。

（三十二）福星

福星的通用名称为氟硅唑。属低毒、高效、广谱、内吸性杀菌剂。氟硅唑在三唑类杀菌剂中属于内吸性比较好的药剂种类之一，可以渗透到植物体内杀死已经侵染的病菌，在很低的有效浓度下就可以对病原微生物有很强的抑制作用，尤其在病害初发期使用效果非常突出。对子囊菌、担子菌、半知菌所引起的病害均有特效，适用于防治瓜菜作物、葡萄的白粉病、炭疽病、斑枯病及白腐病、黑痘病等病害的防治。病害初发时用 40%福星乳油 1 袋(2 毫升),兑 1 喷雾器水喷雾。提倡与其他杀菌剂轮换使用,避免产生抗药性。

(三十三)适乐时

适乐时的通用名称为咯菌腈。低毒,对瓜菜作物的立枯病、枯萎病、根腐病等病原菌有非常好的防效。适乐时处理种子安全性极好,不影响种子出苗,并能促进种子提前出苗。瓜菜种子包衣:2.5%适乐时悬浮剂 1 袋(10 毫升)加水 70 毫升配成药液,把称量的种子倒入盆中,按 50 份种子用 1 份药液的比例倒入药液,快速摇动,看到种子外面裹上红色药液即可,拌种后晾干 10 多分钟就可播种。蘸花:可在配好的 0.5 千克蘸花激素药液中, 加入 2.5%适乐时悬浮剂 2 毫升, 混匀后蘸(喷、点)花,以预防灰霉病。灌根:育苗期用 2.5%适乐时悬浮剂 1 袋(10 毫升),兑 1 喷雾器水对幼苗灌根;定植后、或病害发生初期,用 2.5%适乐时悬浮剂 1 袋(10 毫升),兑水 15 千克灌根,每株灌 250 毫升药液。

(三十四)可杀得叁千

可杀得叁千的通用名称为氢氧化铜。属低毒、广谱杀菌剂。生物活性好,对番茄细菌性溃疡病、黄瓜细菌性角斑病等细菌性病害及番茄早疫病、瓜类蔓枯病等多种真菌性病害,均有优异的防效;桶混亲和性好,可与大多数常规药剂及叶面肥、植物生长调节剂混用;诱导表皮细胞壁增厚,增加果皮弹性,减少裂果;能够刺激作物生长, 不污染果面及叶片。发病初期可用 46.1%可杀得叁千水分散粒剂 1 袋(10 克),兑 1 喷雾器水喷药。正确的配药程序:取下滤网;先在喷雾器添加三分之一到一半的水;缓慢加入可杀得叁千,边加边搅拌,搅拌均匀后,继续加满水;最后加入待混的药剂和叶面肥。

特别注意事项:不得将可杀得叁千的药剂直接倒在喷雾器的滤网上;若需与其他药剂桶混,务必先将可杀得叁千在喷雾器中配制均匀;不得将当次需要配制的可杀得叁千一次性快速倒入喷雾器中,否则易在桶内结块;不得与偏酸性或偏碱性的物质混用;勿将可杀得叁千与含有乙膦铝的药剂混用。

(三十五)加瑞农

加瑞农的通用名称为春·王铜。低毒,具有保护和治疗作用,对瓜类、蔬菜的细菌引起的角斑病、软腐病、溃疡病以及真菌引起的叶霉病、炭疽病、白粉病、早疫病、霜霉病等常见病害具有良好的防治效果。可于发病初期用 47%加瑞农可湿性粉剂 1 袋(100 克),兑 3 喷雾器水喷雾,以后每隔 7～10 天喷 1～2 次。不能与铜制剂和强碱性农药混用;不要在黄瓜幼苗期和高温时喷药,以免发生药害。

(三十六)农用硫酸链霉素

农用硫酸链霉素是低毒、广谱、内吸性杀菌剂,可用于防治蔬菜多种细菌性病害。防治黄瓜细菌性角斑病、番茄细菌性溃疡病、芹菜细菌性叶斑病、辣椒细菌性软腐病等,可于发病初期用72%农用硫酸链霉素1包(14克),兑1喷雾器水喷雾。可以和银法利等药剂混用。

(三十七)克毒宝

喷药后快速渗入植物体内,能诱导植物抗病基因的表达,从而提高抗病毒相关蛋白、多种酶和细胞分裂素的含量,快速钝化植株体内外的病毒,有效阻止病情发展;同时含有深层发酵的细胞分裂素,促进根系发达,防止落叶、落花、落果。发病前或发病后用40%克毒宝可溶性粉剂1袋(15克),兑1喷雾器水喷雾,每隔5~7天喷1次,连喷3~4次。

(三十八)碧护

碧护的通用名称为赤·吲乙·芸。属纯天然植物生长调剂剂。具有促进生根发芽和提高移栽成活率、增加叶绿色素和提高光和效率、促进细胞分裂和新陈代谢、提高坐果率和减少生理落果、增加产量和增加优质果率、延缓植株衰老和延长结果期、提早采收和延长采收期、缓解或除抑制性药害、提高作物抗低温冻害和抗病害的能力等特点。茄果类、瓜类作物可用0.136%碧护可湿性粉剂2克,兑1喷雾器水叶面喷雾、或灌根。早晚喷雾最佳,避免在阴天或强光下喷雾;不可与强酸、碱性农药混用外,能与大多数农药混用,有增效作用。

(三十九)海绿素

富含纯天然植物源生长素、细胞分裂素、赤霉素等调节剂和海藻酸、维生素、低聚糖等植物活性因子。不含外源添加植物调节剂,对作物安全无毒。花蕾期、花期、幼果期,用海绿素1袋(15毫升),兑1喷雾器水喷雾,能提高作物抗病毒能力和抗逆性;尤其是发生根腐病、或肥料烧根、或湿度过大沤根时,用海绿素1袋(15毫升),加水15千克灌根,能有效促进新根发育。

(四十)植物动力2003

植物动力2003是一种高科技植物液体肥料,内含天然、丰富营养元素及各种酶的活化剂,能激活、加速植株体内循环,协调生理生化过程。能改变大量使用化肥对土壤带来的遗害,缓解土壤障碍,促进根系发育;在低温、雨雪、连阴等灾害性天气之前使用,能明显提高作物的抗逆能力,作物受灾之后(如寒冻、高温、干旱、水淹或农肥烧伤)使用,能加快恢复,促进生长发育;能缓解农药使用造成的毒害和污染。用法:植物动力2003二袋(14毫升),兑1喷雾器水喷雾。不能与其他任何农药、化肥混用。

第五章　日光温室节水灌溉技术

一、作物灌溉方式

(一)传统灌溉方式

1.畦灌　在温室内采用加筑小畦(小畦面积 15 平方米左右)的方法进行灌溉,适用于叶菜类作物灌溉。畦灌用水量大且不易控制,易造成地面板结和棚内湿度加大,诱发病害;因此,栽培果菜类作物不宜采用畦灌(如图5-1-1)。

图 5-1-1　畦　灌

2.垄膜沟灌　垄作是在克服平作栽培许多不利因素的基础上发展起来

图 5-1-2　垄膜沟灌

的一种栽培方式。其栽培灌溉方式是在垄畦上种植,两畦间开留输水沟,水沟垄面全部覆盖地膜。一般垄宽 70 厘米,沟宽 50 厘米,沟深 25 厘米。这种栽培灌溉方式改变了田间的微地形,从而改变了种植和灌溉方式。和平作漫灌相比,灌溉集中,田间湿润面积小,节水效果明显;但在温室内采用,因为明沟灌溉,易造成棚内湿度加大(如图5-1-2)。

3.高垄膜下暗沟灌溉　是在垄膜沟灌的基础上进一步改进的一种温室灌溉方式。即在垄面中间开深 20 厘米、宽 20 厘米的小沟,垄面覆盖地膜,地膜在大沟内搭结,大沟内进行人工作业,利用垄面小暗沟进行灌溉。高垄膜下暗沟灌溉可有效防止水分蒸发,降低棚内湿度,抑制病害发生,而且节水效果更为明显(如图5-1-3)。

（二）节水灌溉方式

1.渗水灌溉　用管径为10～15毫米,管壁上扎有间距为35厘米、孔径为1.2毫米的水平单眼塑料细管做毛管,每1米间距布设1条,埋入地下8～10厘米的土壤中,两侧种植蔬菜。毛管与管径38毫米的支管用三通连

图5-1-3　高垄膜下暗沟灌溉

接,支管和同径闸阀与水源接通,蔬菜灌溉时开启闸阀即可。

2.小型滴灌　系统设置贮水罐或水箱,只需1米压力水头、90%的滴灌均匀度。系统设计简单,安装灵活。用户在贮水罐或水箱内贮水,打开阀门即可灌溉作物(如图5-1-4)。

3.膜下滴灌　滴灌是一种按照作物需水要求,利用低压管道系统将输水管内的有压水通过消能滴头,将水和作物所需要的养分以较小的流量均匀、准确地直接输送到作物根系附近的土壤表面或土层中,浸润作物根系最发达的区域,使作物主要根系活动区的土壤始终保持在最优含水状

图5-1-4　小型滴灌的贮水罐

态的灌溉方式。膜下滴灌技术是滴灌技术和覆膜种植技术有机结合形成的一种新型田间灌溉方法,兼有地膜栽培技术和先进的滴灌技术的优点(如图5-1-5)。

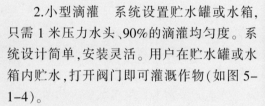

图5-1-5　膜下滴灌

二、膜下滴灌技术

(一)温室膜下滴灌的优点

在日光温室内使用滴灌,可以极大地改善日光温室内的环境,具有以下特点:

1.降低空气湿度,减少病害发生　在温室内采用膜下滴灌,由于滴灌带置于地膜之下,抑制了土壤水分蒸发,而且作物垄间无覆盖的地方土壤保持干燥,大大降低了棚内空气湿度,减少了作物因空气湿度高而引发的病害,可显著提高作物产量和品质。

2.适时补充各种营养成分,提高肥料利用率　使用滴灌技术,可以很方便地将温室作物所需要的各种营养成分以速溶性肥料或滴灌专用肥的形式随水施入作物根部土壤,实现水肥一体化,从而减少了生育期间膜上撒施肥料而造成的损失,可显著提高肥料利用率。

3.提高棚内的温度,减少地温下降　使用滴灌进行浅灌勤灌,可最大限度地减少地温下降,促进土壤微生物活动和养分的转化吸收。

4.节水效果显著,增产效果明显　膜下滴灌采用管道输水,浸润式灌溉,避免了输水损失和深层渗漏,地膜覆盖和温室栽培将蒸发损失降到最低限度,与地面灌溉相比, 可节水 70%～80%。同时,为作物创造了最佳的水、肥、气、热等良好的生长发育环境, 延长生长发育期,提高产品品质,与地面灌溉相比,可使瓜菜增产 50%～100%(如图 5-2-1)。

5.便于操作和省工,可实行自动化控制　滴灌只需开、关阀门就可以进行灌溉, 不需平整土地或开沟打畦, 大大减少了田间灌水的劳动强度, 还可以利用自动控制系统实行自动控制。

图 5-2-1　滴灌水在作物根部分布

(二)温室滴灌系统的组成及主要配套设备

温室滴灌系统一般由水源、首部装置、输水管网、滴头等组成。

1.水源　温室滴灌水源可以是井水、河水等,但水质必须符合灌溉要求,为了便于贮水和预热后灌溉,温室要求必须修建预热池。水源通过低压管道或水沟输入预热池预热后灌溉(如图 5-2-2)。

图 5-2-2　预热池

2.首部装置　包括单相水泵、施肥罐、过滤器及阀门、接头、水表等控制设备。其作用是从水源取水加压并注入肥料(农药),经过滤后按时按量输入管网(如图 5-2-3 至图 5-2-11)。

图 5-2-3　首部装置

图 5-2-4　施肥阀

图 5-2-5　单相水泵

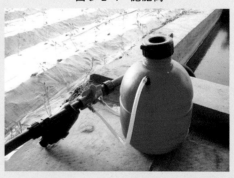

图 5-2-6　施肥罐

图 5-2-7　过滤器

图 5-2-8　弯　头

图 5-2-9　阴螺纹接头

图 5-2-10　阳螺纹接头

图 5-2-11　水　表

3.输水管网　包括主管、滴灌管及所需的连接管件。其作用是将首部装置处理过的水流按照要求输送分配到每个灌水单元和滴头(如图 5-2-12 至图 5-2-15)。

图 5-2-12　主　管

图 5-2-13　已铺设的滴灌管

图 5-2-14　滴灌管

图 5-2-15　堵　头

4.滴头　是直接向作物供水、供肥的设备。其作用是利用滴头的微小流道或孔眼使水流变为水滴,均匀地施入作物根区土壤中(如图 5-2-16、图 5-2-17)。

图 5-2-16　迷宫式滴灌带

图 5-2-17　内镶式滴头

(三)温室滴灌系统输水流程

有压水源(潜水泵)→施肥设备(施肥阀、施肥罐)→过滤设备(网式过滤器)→主管(地面 PE 管)→滴灌管(滴头)。

(四)温室滴灌系统的设计与安装

1.主要设备选用　水泵选用功率 550 瓦、流量 3 立方米/小时、扬程 18 米的单相水泵;施肥罐选用 10 升的塑料压差式施肥罐;过滤器选用外丝直径 32 毫米的网式过滤器;主管选用直径 32 毫米的 PE 管;滴灌管选用直径 16 毫米、滴头间距 30 厘米、滴头为内镶式、流量 2.1 升/小时的滴灌管。

2.轮灌组确定　根据温室滴灌系统配套设备及水源压力,如每条滴灌管设计长度为 7.0 米, 则系统理论滴灌管控制根数为 62 根 (最大滴灌管控制根数为 75 根,均匀度≥80%),如滴灌管间距按 0.6 米设计(垄距 1.2 米,每垄 2 管控制 2 行作物),则温室长度在 50 米以下时,采用一个轮灌组形式进行布设;如温室长度在 50 米以上、滴灌管根数超过 75 条以上,则需要布设两个轮灌组(如图 5-2-18、图 5-2-19)。

图 5-2-18　单轮灌组

图 5-2-19　双轮灌组

图 5-2-20　毛管布置方向

3.主管、毛管布置方向　温室作物种植方向决定主管、毛管布置方向。毛管铺设走向要与作物种植方向一致,主管应沿后立柱北侧东西向铺设(如图 5-2-20)。

(五)温室滴灌系统的运行管理

1.操作要点

(1)开启水泵前认真检查预热池中有无杂物或泥沙,并及时清理,以免堵塞水泵泵头。然后启动水泵,发现异常,立即停泵检修。

(2)每次开泵前,清洗过滤器。

(3)滴灌运行中,经常巡视管网,并注意观察滴头滴水情况,如有堵塞或漏水,及时修理排除。

(4)灌溉定额和灌溉间隔期依作物及土质状况科学确定。一般每亩灌水量 6~12 立方米。灌水间隔期作物生长前期以 15~20 天为宜,中期以 10 天左右为宜,盛产期以 6~8 天为宜。

(5)施肥时,从整个灌水延续时间的 1/3 开始施肥,在灌水结束前半小时停止。先打开施肥罐,将所需滴施的肥(药)倒入施肥罐中,注意注入的易溶性固体颗粒不得超过施肥罐容积的 2/3。滴灌肥最好选用易溶性的滴灌专用肥,难溶性肥料应将肥料充分溶解过滤后加入。通过施肥阀调节施肥罐进出水应有 0.05 兆帕压差。

2.维护管理

(1)在每个灌溉季节开始前,将管网中的每个设备与部件重新安装连接,检查所有的管件、阀门、连接件是否有缺损,及时更换或修理。

(2)每个灌溉季节工作前应对管网进行彻底冲洗。冲洗时,开启水泵,依次打开主管和毛管的末端,高压水轮流冲洗各轮灌组,将管道内的污物冲洗出去。

(3)定期对管网进行巡视,如有漏水要立即处理。

(4)灌水时每次开启一个轮灌组,当一个轮灌组结束后,先开启下一个轮灌组,再关闭上一个轮灌组,严禁先关后开。

3.回收保管

(1)每年灌溉季节后,将地面管网管件及配件回收清洗,晾干后存入库房妥善保管,以备下一个灌溉季节正常使用。

(2)滴灌管应顺直存放,集中保管,防晒、防折、防鼠。

(3)为避免下茬种植时滴灌带连接处与作物种植行错位,可先将主管布设好后再起垄定植。

第六章　日光温室灾害性天气管理技术

　　日光温室生产处于反季节生产阶段,抵御灾害性天气栽培管理尤为重要。一旦防御措施不能到位或技术管理不当,轻者大幅减产减收,重者则将造成绝产绝收。因此,必须注意防灾栽培,确保温室生产正常进行。主要做好低温阴雪天管理、大风天气管理和灾后恢复管理工作。

一、低温阴雪天气管理技术措施

（一）雪前管理技术措施

　　1.增加覆盖物　要在蒲草帘上再覆盖一层旧棚膜或彩色篷布以增温保温,或再加盖一层草帘(如图 6-1-1)。

　　2.前坡加立帘　夜间要在温室前脚处用稻草帘加盖一道立帘(如图 6-1-2)。

图 6-1-1　加盖一层旧棚膜

图 6-1-2　加一道立帘

3.温室门口加挂棉门帘　要在温室门口内外加挂厚的棉门帘(如图6-1-3、图6-1-4)。

图6-1-3　室外门加挂门帘

图6-1-4　室内门加挂门帘

4.安装围帘　在温室进门第1～2间处安装塑料围帘(如图6-1-5)。

5.棚内撑立柱　在温室前钢屋架处顶一个主柱,以防积雪过厚造成温室承压过重,导致温室坍塌(如图6-1-6)。

图6-1-5　安装塑料围帘

图6-1-6　棚内撑立柱

(二)雪后管理措施

1.清扫积雪　雪后早晨要及时清扫草帘和保温被上的积雪,保持棚面、草帘和保温被上不结冰,保持草帘干燥(如图6-1-7、图6-1-8)。

图6-1-7 清扫后屋面积雪

图6-1-8 清扫草帘上的积雪

2.擦洗棚膜 要把棚膜上面的灰尘、积雪和融化在棚膜上的雪水及时清扫和擦洗干净,以利增加光照,提高室内温度(如图6-1-9、图6-1-10)。

图6-1-9 擦净棚膜

图6-1-10 清扫保温被上的积雪

3.雪后揭帘接受光照,升高棚内温度 使植物接受光照,进行光合作用(如图6-1-11、图6-1-12)。

图6-1-11 揭草帘(花帘)

图6-1-12 保温被拉下半坡

（三）低温天气管理措施

1.适时揭盖草帘和保温被　要尽量早揭和晚盖草帘。在中午温度高时，一定要揭起草帘，让室内见光，即使是阴天也能充分利用散射光进行光合作用。

2.及时放风　阴雪天气情况下，还要注意放风，进行室内通风，每天要保持放风 20 分钟左右，以防止有害气体使作物受害（如图 6-1-13）。

图 6-1-13　放　风

图 6-1-14　电灯补光

3.室内加搭薄膜　在吊秧绳的铁丝上方，再搭一层薄膜，可降低温室内冷热空气的对流速度，保持棚内温度不过分降低。

4.临时增温补光　要临时生火炉、加挂电灯，以增加室温和补充光照。但一定要将烟雾排出室外，防止引起火灾和作物受害（如图 6-1-14）。

5.停止灌水　阴雪天降温阶段应停止浇水，以免降低土壤温度。

6.停止喷药　阴雪天室内温度低，不能用喷雾器喷施农药，以免增加棚内湿度。

7.及时防治病害　连续降雪低温天气情况下，导致室内温度降低，湿度增加，植株抗病性减弱，易发生灰霉病、霜霉病等病害，应予及时防治。防治方法最好选用不增加室内湿度的烟雾剂或粉尘剂药剂进行防治。

（四）久阴转晴后管理技术

1.早晨揭草帘，午间盖花帘　持续阴雪多日，天气骤然晴好后，早晨应揭起草帘或卷起保温被。中午 11 时后，应盖花帘覆盖，或卷半坡保温被（如图 6-1-15）。

图 6-1-15　花帘和半坡保温被

2.棚内进行遮光处理　要在棚内适当搭设一些遮阴物进行遮光处理,以免阳光直射作物。

3.叶面喷清水,减少蒸腾量　在中午12—14时期间,要向植株叶面喷一些清水,以减少蔬菜植株的蒸腾量。3天后,一般植株即可恢复生长,可进行正常管理。

二、大风天气管理措施

1.加固压膜线　要将压膜线南端牢固地固定在地锚上,北端绑上石块或沙袋坠在北墙下。随时调节压膜线的松紧度(如图6-2-1)。

2.增加压膜线　遇到大风时,还要临时增加压膜线。在原压膜线中间再加一道压膜线(如图6-2-2)。

图6-2-1　加固压膜线

图6-2-2　增加压膜线

3.关闭风口,均匀放置草帘(半放下状)　在风吹动棚膜时,为正常保持日光温室采光,此时,要关闭风口。隔一定距离放下一草帘,压住棚膜。草帘放下盖住风口2~3米即可,不能全部放下,以免影响采光,要呈半放下状(如图6-2-3)。

图6-2-3　保温被半放下状

　　4.山墙压置土袋　在风来向的山墙上,尤其是保温被覆盖的温室山墙上,要压置土袋,以防刮风时吹起保温被。保温被一旦吹起,遇低温时,会将棚膜吹破,整棚作物将受冻甚至冻死(如图6-2-4)。

　　5.设置山墙台阶,减少吹膜风力　在山墙上设置台阶,并高出保温被15～20厘米,可起到减小风力强度的作用,防止保温被被风吹起(如图6-2-5)。

图6-2-4　压土袋

图6-2-5　可防风的山墙台阶

　　6.修补棚膜　刮风后,及时用专用黏合胶修补棚膜破损部位,防止大风吹进棚内撕破棚膜,造成温室温度降低,作物受冻。

三、灾害性天气过后恢复措施

　　不论是低温冻害、阴雪天气还是大风灾害天气造成的冻害、风害较轻微的温室,都应立即加强管理,促使作物尽早尽快恢复生长。主要措施有:

　　1.剪除枯枝　对受冻的枝叶或枯条,应及时剪去,以免受冻组织霉变诱发病害。

2.疏花疏果促进生长　黄瓜、西葫芦等作物受冻后会出现花打顶现象,天气转晴、光照条件改善后有必要疏掉一些花果和幼果,以促进枝蔓生长。

3.培养新侧枝　对上部生长点受冻害的植株,应及时剪去上部枝条,通过腋芽再培养新的生产侧枝。

4.合理追肥,改善营养　天气转晴,温度回升后,对受冻植株追少量的速效肥,既能改善作物的营养状况,还可增强植株耐寒抗冻的能力。也可在叶面喷施三元复合肥、0.1%～0.2%的尿素溶液或0.3%的磷酸二氢钾水溶液。

5.使用生物调节剂,促进植株生长　受冻害的植株生长缓慢,新枝叶迟而不发,可用生长调节剂促进其生长,加快植株生长恢复。可通过施用植物动力2003、赤霉素、利果美、植物生命素、EM活性剂等,加快植株生长进入正常阶段。

参考文献

[1] 傅连江,樊鸿修.高效节能日光温室蔬菜栽培[M].兰州:甘肃科学技术出版社,1993.

[2] 张真和.高效节能日光温室园艺——蔬菜果树花卉栽培新技术 [M].北京:中国农业出版社,1995.

[3] 马占元.日光温室实用技术大全[M].石家庄:河北科学技术出版社,1997.

[4] 张志斌.设施蔬菜优质高产栽培[M].北京:中国农业出版社,1997.

[5] 陈贵林.蔬菜温室建造与管理手册[M].北京:中国农业出版社,2002.

[6] 陆帼一.北方日光温室建造及配套设施[M].北京:金盾出版社,2002.

[7] 邱仲华,邱云慧.现代设施农业技术[M].兰州:甘肃文化出版社,2008.

[8] 房德纯,李桂兰.蔬菜病虫草害综合防治[M].北京:中国农业出版社,1997.

[9] 刘品贤.温室大棚蔬菜病虫害诊断与防治技术[M].北京:中国农业出版社,1995.

[10] 轶俊虞.蔬菜病虫害无公害防治技术[M].北京:中国农业出版社,2003.

[11] 王险峰.进口农药应用手册[M].北京:中国农业出版社,2003.

[12] 王久兴,闫立英.图文讲解设施果蔬栽培试验(黄瓜分册)[M].北京:科学技术文献出版社,2008.

[13] 王久兴.图说蔬菜嫁接育苗技术[M].北京:金盾出版社,2006.